知识生产的原创基地
BASE FOR ORIGINAL CREATIVE CONTENT

颉腾科技
JIE TENG TECHNOLOGY

MASTERING QUESTIONS

KEY SKILLS FOR AI BIG MODEL ERA
AND CHATGPT DIALOGUE

学会提问

AI大模型时代与
ChatGPT对话的
关键技能

苏江——编著

北京理工大学出版社
BEIJING INSTITUTE OF TECHNOLOGY PRESS

图书在版编目（CIP）数据

学会提问：AI大模型时代与ChatGPT对话的关键技能 /
苏江编著. —北京：北京理工大学出版社, 2023.7
ISBN 978-7-5763-2536-2

Ⅰ.①学…　Ⅱ.①苏…　Ⅲ.①人工智能　Ⅳ.
①TP18

中国国家版本馆CIP数据核字（2023）第119485号

出版发行 / 北京理工大学出版社有限责任公司
社　　址 / 北京市海淀区中关村南大街 5 号
邮　　编 / 100081
电　　话 / （010）68914775（总编室）
　　　　　 （010）82562903（教材售后服务热线）
　　　　　 （010）68944723（其他图书服务热线）
网　　址 / http：//www. bitpress. com. cn
经　　销 / 全国各地新华书店
印　　刷 / 石家庄艺博阅印刷有限公司
开　　本 / 880 毫米 × 1230 毫米　1/32
印　　张 / 7.25　　　　　　　　　　　责任编辑 / 王晓莉
字　　数 / 174 千字　　　　　　　　　 文案编辑 / 王晓莉
版　　次 / 2023 年 7 月第 1 版　2023 年 7 月第 1 次印刷　责任校对 / 刘亚男
定　　价 / 59.00 元　　　　　　　　　 责任印制 / 施胜娟

序言

AI 时代正如火如荼地向我们走来，无论智能交互、语音识别、自然语言处理还是机器学习、深度学习，人工智能的应用已经深入到我们生活和工作的方方面面。在这个瞬息万变的时代，我们如何掌握提问技巧，与 AI 助手高效地沟通问题、拓宽视野，成了每个人的核心竞争力。尤其是在教育领域，家长们面临着前所未有的焦虑：在 AI 技术能胜任许多学习任务，如写作、计算等的情况下，孩子的教育目的和竞争力何在？传统的"鸡娃"教育模式是否还具有意义？如何在这个变革中找到新的平衡？

家长们纷纷发现，孩子可以利用 AI 轻松完成作业，这让他们陷入了困惑。有网友发出这样的帖子引起热议：

"今天陪孩子一起做二年级数学试卷，忽然不知道做完有什么用，孩子每天起早贪黑在学校里度过十几个小时的时间，可是在未来的十年、二十年里，许多岗位都将被机器取代，甚至送外卖的工作都很难找……"

类似的迷茫困扰着越来越多的家长。他们开始质疑，当 AI 可以替代学生完成许多任务时，学习的价值何在？同时，他们也担心，如果孩子不接触 AI 技术，是否会落后于时代？

笔者认为，技术的进步正在加剧人与人之间的差距。由于人与人之间的好奇心差异，未来优生差生的差距可能会进一步拉大。优秀的学生利用 AI 技术学习更广阔的知识，投机取巧的学生则用 AI 来偷懒写作业。正是这样，人与人之间的差距也将变得更加明显。极端情况下，如尤瓦尔·赫拉利所预言的惊骇场景，未来社会的进化方向是 1% 的人利用技术成为神人，剩下 99% 的都是无用的人。

技术本身并无好坏之分，但随着 2023 年人工智能技术大爆发，一些危言耸听的言论让我们更加谨慎对待。我们希望读者在接触本书时，仍能像孩子般保持好奇心，学习和充分利用 AI 技术。掌握人与 AI 交流的技巧，与 AI 进行高效的对话，实现从"做题家"到"出题家"的转变。

例如，在现实生活中，Prompt Engineer 这一新兴职业正在迅速崛起。他们负责设计和优化与 AI 助手的对话引导（Prompt），以满足不同行业和领域的需求。从医疗诊断、法律咨询到教育辅导和企业管理，Prompt Engineer 为 AI 提供更精准的引导，使其能够更好地为人类服务。

家长们需要逐步调整教育观念，从过度追求分数转向培养孩子的创造力、批判性思维和团队协作能力。这些能力是 AI 难以取代的，同时也是未来社会发展的核心竞争力。在 AI 时代，家长和教育者应该关注孩子们的兴趣和天赋，帮助他们找到独特的价值所在，并引导他们运用 AI 技术提升自己。

本书的创作灵感源于笔者多年的研究与实践，以及对尼尔·布朗和斯图尔特·基利的著作《学会提问》的深刻理解。在 AI 时代，掌握提问技巧不仅能够帮助我们与 AI 无缝对接，还能够增强我们在日常生活和职业发展中的批判性思维和判断能力。无论你是职场人士、学生、研究者，还是对 AI 技术感兴趣的公众，本书都将为你提供具有实际应用价值的知识与技巧。

《学会提问：AI 大模型时代与 ChatGPT 对话的关键技能》以实用为导向，结合最新的 AI 技术，从基本概念到高级应用，为读者提供了一份全面且系统的提问技巧学习指南。本书特别关注了 AI 对话中的 Prompt 技巧和新兴职业 Prompt Engineer 的发展前景。正如百度创始人兼首席执行官李彦宏所言："在十年内，全球一半的工作将是 Prompt 工程师。"这有可能预示着 Prompt Engineer 将在未来发挥越来越重要的作用。

本书第 1 章主要介绍了 AI 对话的基本概念，包括 Prompt 工程师这一新兴职业的职责和前景、AI 对话与人类对话的差异，以及 AI 的局限性等内容。通过了解这些基本信息，读者可以对 AI 对话有更清晰的认识。

第 2 章着重于提问技巧与 AI 时代的融合，分析了如何将传统提问技巧应用于 AI 对话中，探讨了避免循环提问、加载性问题与引导性问题的方法，同时介绍了诸如苏格拉底式提问法、沃伦·贝格尔提问技巧等著名提问方法在 AI 时代的应用。

第 3 章将重点放在与 ChatGPT 对话的 Prompt 技巧上，讲解了 Prompt 的重要性与作用，以及不同类型的 Prompt 用法。同时，还涉及如何设计精准指令、考虑上下文与背景信息等关键策略。

第 4 章深入探讨了构建高效 Prompt 的秘诀，包括 CRISPE 框架、实战案例分析，以及如何优化策略以避免错误和提高效果。此外，本章还提供了有关验证信息准确性、提供有效反馈和引导 AI 进行深入分析的实用建议。

第 5 章和第 6 章则聚焦于 Prompt 工程技术，从基本概念到高级技术，全面介绍了提示工程的原理、实践示例和评估方法。同时，还详细阐述了 OpenAI Playground 的使用方法和参数设置。

第7章汇集了实用资源,展示了ChatGPT在不同领域中的实际应用,并为读者提供了丰富的实用Prompt示例。同时,本章还对AI对话技术的未来发展进行了展望。

在本书的最后,我们期望读者能够充分领会到提问技巧在AI时代的重要性,掌握与AI进行高效对话的方法,使其能够为你的职业发展和个人成长提供有力支持。我们相信,在这个充满挑战与机遇的AI时代,掌握提问技巧将使你在职业生涯中更加从容,为你的人生道路铺设坚实基石。

感谢你的阅读与支持,希望《学会提问:AI大模型时代与ChatGPT对话的关键技能》能成为你在人工智能领域的得力助手,引领你走向成功之路。让我们一起踏上这场探索之旅,培养出善于提问的下一代,引领他们在人工智能时代勇敢地迈向未来。

目录

第1章

认识 AI 对话

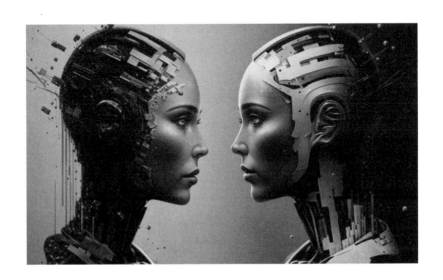

1.1 认识"Prompt 工程师"这个职业

在 AI 时代，人工智能的发展如火如荼，人类与 AI 之间的互动也愈发紧密。随着 AI 技术的日益普及，一个崭新的职业应运而生，那就是"Prompt 工程师"。作为一名 Prompt 工程师，他们的任务是精心设计和优化与 AI 模型的互动方式，以实现更高品质、更精确的输出结果。事实上，在近几年来，这个职业已经吸引了大量关注，并迅速成为 AI 产业的热门岗位。

据悉，人工智能安全与研究公司 Anthropic 最近公开招聘"Prompt 工程师和图书馆员"这一职位，其薪资范围在 175 000 美元和 335 000

美元之间[1][2]。这个职位的高薪反映了 Prompt 工程师在 AI 领域的重要地位，同时也表明了他们在人工智能应用中所扮演的关键角色。

那么，Prompt 工程师到底是什么呢？简单地说，Prompt 工程师是一位专业人士，他们通过巧妙地设计问题提示（Prompt）来引导 AI 模型给出期望的答案。优秀的 Prompt 工程师能够深入了解 AI 模型的特点和局限性，设计出精确且有针对性的问题，以便获得有价值的信息。这种能力在提高 AI 实用性、解决实际问题和进行商业决策等方面具有巨大价值。

图 1-1 所示为 Boss 直聘网站里与 ChatGPT 相关的岗位情况。

图1-1

① Business Insider, Apr 1, 2023: AI 'Prompt Engineer' Jobs: $335k Salary, No Tech Background，https://www.businessinsider.com/ai-prompt-engineer-jobs-pay-salary-requirements-no-tech-background-2023-3

② Anthropic: Prompt Engineer and Librarian，https://jobs.lever.co/Anthropic/e3cde481-d446-460f-b576-93cab67bd1ed

在中国各大人才市场网站上，我们可以发现越来越多的企业对 ChatGPT 优化师等专职人才高度关注。这类人才主要负责使用和优化 ChatGPT 模型，以实现企业的业务目标和需求。例如，在智能客服场景中，ChatGPT 人才可以通过改进模型的交互方式，提升智能客服的服务质量和用户体验；在内容生成场景中，ChatGPT 人才可以利用模型自动创作新闻、广告文案等文本内容，从而提高内容创作的效率。

当然，这本书并不仅仅是为 Prompt 工程师量身定制的。实际上，学会提问的技巧对每个人都具有极大的价值。提问是我们与他人、与自己，甚至与 AI 进行有效沟通的关键。透过提问，我们能够更好地理解问题、获取信息、发现创新点，从而带来更丰富的思考和更明确的行动方向。

在 AI 时代，掌握提问的艺术与技巧显得至关重要。在接下来的章节中，我们将深入挖掘 AI 对话的基本技巧与方法，以及如何运用批判性思维来提升 AI 对话效果。我们还将结合实际案例，探讨古典提问方法在 AI 对话中的应用，以及如何评估 AI 回答的质量和应用的局限。

无论你是对 AI 充满好奇的初学者，还是渴望在 AI 领域深耕的专业人士，这本书都将为你提供宝贵的指导和灵感。让我们一起探索 AI 时代的提问之道，成为未来人工智能时代的引领者。

1.2　编写 Prompt：高杠杆技能

OpenAI 的创始人 Sam Altman（萨姆·奥尔特曼）曾表示："编写一个真正出色的聊天机器人提示是一项极具影响力的技能，是用自然语言编程的早期示例。"这表明，在当今时代，与 AI 互动已经成为一项技能，可以被视为一种高杠杆技能。

图 1-2 所示为 OpenAI 创始人 Sam Altman 在其推文所发表的观点。

writing a really great prompt for a chatbot persona is an amazingly high-leverage skill and an early example of programming in a little bit of natural language

6:23 AM · Feb 21, 2023 · 1.9M Views

图 1-2

高杠杆技能是指那些能带来显著成果和影响的技能，即使在有限的时间和资源下也能产生显著效果。能够与 AI 互动，特别是有效地与之沟通，不仅可以提高我们在工作和生活中的效率，还能帮助我们从中获得更多价值。

在 AI 时代，我们面临着海量信息、快速变化的环境和越来越复杂的问题。与 AI 有效互动的能力，使我们能够快速获取所需信息，做出更明智的决策，以应对这些挑战。例如，我们可以通过向 AI 提出有关市场趋势的问题，以获得有关未来发展方向的见解；或者在进行产品设计时，向 AI 征求用户需求和喜好，以提高产品的市场竞争力。

掌握与 AI 互动的技巧，也意味着我们能更好地理解 AI 的工作原理和局限性。这将帮助我们充分利用 AI 的优势，同时避免因过度依赖而导致发生潜在的风险。正如 Sam Altman 所提到的，编写出色的聊天机器人提示是一种早期的自然语言编程示例。随着 AI 技术的进一步发展，这种技能将为未来的自然语言编程领域奠定基础。

总之，作为一种高杠杆技能，与 AI 互动的能力将在日益依赖 AI 技术的未来社会中发挥越来越重要的作用。掌握这项技能，我们将能在这个时代更好地适应变革，为人类与 AI 共同创造美好未来做出贡献。

1.3 关于 Prompt 工程师职业前景的争议

在当今人工智能逐渐崭露头角的时代，提示工程师这个角色似乎成了连接人类与 AI 的关键桥梁。然而，关于未来提示工程师的命运，行业内的观点却有所不同。

1.3.1 提示工程五年内消失

2022 年的一次访谈中，观众提问 OpenAI 的创始人 Sam Altman：你认为五年内大多数用户与基础模型的交互方式会是什么样的？你认为会有一些针对特定行业的 AI 创业公司，实质上是将微调过的基础模型应用到行业中吗？还是说你认为提示工程会成为许多组织内部的一个职能？

Sam Altman 回复说：我认为五年后我们不再进行提示工程。这将被整合到各个领域。根据具体情境，你只需使用自然语言，无论通过文本还是语音，就能让计算机为你做任何你想要的事。这也适用于生成图像，也许我们仍然会做一点提示工程，但它只是让计算机为我做这项研究，完成这个复杂的任务，或者成为我的治疗师，帮助我找到让生活变得更好的方法，或者替我使用计算机做这件事或者其他任何事情。但我认为基本的界面将是自然语言。[1]

图 1-3 所示为 Sam Altman 于 2022 年 9 月 13 日在 Greymatter 的访谈。

---

[1] AI for the Next Era，https://greylock.com/greymatter/sam-altman-ai-for-the-next-era/

Audience Member:
What do you think will be the way that most users interact with foundation models in five years? Do you think there'll be a number of verticalized AI startups that essentially have adapted a fine-tuned foundation model to industry? Or do you think prompt engineering will be something many organizations have as an in-house function?

SA:
I don't think we'll still be doing prompt engineering in five years. And this'll be integrated everywhere. Either with text or voice, depending on the context, you will just interface in language and get the computer to do whatever you want. And that will apply to generate an image where maybe we still do a little bit of prompt engineering, but it's just going to get it to go off and do this research for me and do this complicated thing or just be my therapist and help me figure out to make my life better or go use my computer for me and do this thing or any number of other things. But I think the fundamental interface will be natural language.

图1-3

有些读者这时肯定又疑惑了，这不是跟百度创始人李彦宏说的观点相反吗？

李彦宏说：如何看待 AI 代替人类工作？不管有多少工作被替代，这只是整个图景的一部分，另外一部分是，存在我们现在甚至无法想象的更多新机会。做一个大胆预测，十年以后，全世界有 50% 工作会是提示词工程（Prompt Engineering），不会写提示词（Prompt）的人会被淘汰。

图 1–4 所示为李彦宏回应 36 氪的语录。[①]

03月
22

李彦宏独家回应36氪：如何看待AI代替人类工作？

2023-03-22 21:09　分享至

李彦宏独家回应36氪：如何看待AI代替人类工作？不管有多少工作被替代，这只是整个图景的一部分，另外一部分是，存在我们现在甚至无法想象的更多新机会。做一个大胆预测，十年以后，全世界有50%工作会是提示词工程（Prompt Engineering），不会写提示词（Prompt）的人会被淘汰。

图1-4

这看似是一个矛盾，但在笔者看来，这其实是一回事，只是他们

① 李彦宏独家回应 36 氪：如何看待 AI 代替人类工作？ https://36kr.com/newsflashes/2182652773859072

对提示工程师所给定义不同,语境不一样,彼此的观点并无太大的冲突。

从 Sam Altman 的角度来看,随着人工智能的迅速发展,未来五年内,AI 将无处不在。届时,用户不再需要专业的编程知识,而是直接使用自然语言与 AI 进行交流。在这种情况下,是否还需要专门负责技术层面的提示工程师呢?似乎并不必要。

这一观点得到了前特斯拉 AI 负责人、现 OpenAI 的 JARVIS 项目负责人 Andrej Karpathy 的支持。他提出:"未来最热门的编程语言将是英语。"这意味着,随着自然语言处理技术的进步,人们将越来越多地使用英语与 AI 进行交流,而不是传统的编程语言。

图 1-5 所示为 Andrej Karpathy 在其推文中发表的观点。

图 1-5

而在李彦宏的语境中,未来与 AI 的交互将变得越来越普遍。尽管使用自然语言与 AI 交流的方式仍然被称为编写提示词,但是不能有效地与 AI 进行交流的人将面临被淘汰的风险。

1.3.2　关键技能:用自然语言与 AI 有效交流

当我们从这个角度审视这个问题时,我们会发现这两位业界领袖的观点并没有根本性的冲突。他们都预测了一个未来,人们通过自然语言与 AI 进行交流将变得越来越普遍。而在这个未来,编程技能可能不再是衡量一个人与 AI 交流能力的唯一标准。事实上,能够运用自然语言有效地与 AI 沟通的能力可能会成为新的关键技能。

在这个未来，我们需要意识到自然语言处理技术的进步将使得编程变得更加普及和易于理解，为更多人参与到 AI 领域创造机会，使得这个行业更具包容性。然而，也有观点认为，随着 AI 技术的发展，可能会出现一定程度的技术失业，特别是在那些需要大量重复性劳动的领域。因此，在关注 AI 技术发展的同时，我们还需要关注如何降低技术失业的影响，以及如何帮助受影响的人群适应新的职业环境。

同时，随着 AI 与自然语言处理技术的融合，我们可能会看到更多针对特定行业的 AI 创业公司出现，利用自然语言处理技术为各行各业提供高度定制化的解决方案，提高生产效率并为行业带来颠覆性的创新。当然，我们也需要意识到，AI 技术的普及可能会导致数据隐私和安全方面的挑战。为了解决这些问题，政府、企业和研究机构需要共同努力，制定相应的政策和技术标准，确保数据的安全和隐私得到有效保护。

为适应这个变化，教育和培训领域需要进行调整，更新课程设置，以便更好地培养学生和员工具备与 AI 进行高效沟通的能力。虽然我们不能确定未来五年内提示工程师这个角色是否会消失，但我们可以预见到自然语言将在人们与 AI 交流中扮演越来越重要的角色。在这个充满变革的时代，我们需要不断调整和适应，以便在与 AI 的交流中保持竞争力。然而，我们应当注意，过度依赖 AI 技术可能会导致人类逐渐失去某些基本技能和创造力。因此，在利用 AI 技术的同时，我们需要保持对人类独特能力的重视和培养。

AI 的出现将改变人们获取知识和信息的方式。过去，会编程的人可以利用他们的技能更好地理解计算机系统，获取知识和优势。然而，在 AI 时代，这种优势可能逐渐消失。因为人工智能可以理解自然语言，普通人也能够与计算机系统进行有效沟通。但这并不意味着所有人都能平等地享受到 AI 带来的红利。事实上，能够提出有深度和针对性问题的人将在这个时代取得更大的成功。

提问的艺术在 AI 时代变得尤为重要，因为 AI 系统的回答质量很大程度上取决于问题的质量。一个好的问题可以引导 AI 提供更精确和有价值的答案，从而帮助用户更好地解决问题。因此，会提问的人将能够更好地利用 AI 技术，从而在职业和生活中取得更大的成功。

为了应对这个挑战，我们需要拥有一种适应 AI 时代的提问技巧，包括学会提出明确、具体和有针对性的问题，以便更好地引导 AI 系统为我们提供有价值的答案。此外，我们还需要学会在面对海量信息时快速筛选和评估，从而提高我们的决策能力。

总之，AI 时代将改变我们与计算机系统的交流方式，从而加大人与人之间的差距。为了适应这个变化，我们需要不断提高自己的提问技巧，以便更好地利用 AI 技术。在这个充满变革的时代，我们应该把握住这个机会，努力成为会提问的人，以便在与 AI 的交流中保持竞争力。

与此同时，政府、企业和教育机构需要合作，推动自然语言处理技术的普及，帮助更多人适应 AI 时代。培训和教育项目应更加关注培养学生和员工的提问能力，以确保他们能够在未来的 AI 领域取得成功。这样的努力将有助于缩小技能差距，让更多人能够从 AI 技术中受益。

在本书中，我们不仅会讲最前沿的提示工程技术，更重要的是，关于"学会提问"才是我们的终生课题。

1.4　AI 对话与人类对话的差异

2023 年，GPT-4 的发布已经引起了广泛关注，因为它的思维能力越来越接近人类。有了逻辑推导能力，GPT-4 可以更好地理解和回应用户的问题。而随着 GPT-5 的研发，我们有理由相信未来的 AI 将变得更强大，甚至可能产生类人意识或超级智慧。在这样一个时代背景下，我们需要深入了解与 AI 对话和与人对话的区别，以便更好地利用 AI 技术。

首先，GPT-4 的技术报告明确指出了一个重要趋势：LLM（Large Language Model）最前沿研究的封闭化。出于竞争和安全考虑，OpenAI 未公布 GPT-4 的模型规模和技术细节。与此同时，OpenAI 也不再公开发布 LLM 的研究论文，这显示了 AI 研究的封闭化趋势[①]。

这个趋势让我们想到了一个有趣的问题：未来的 AI 是不是会变成"秘密武器"，只有少数人能够了解它的真实能力呢？

其次，GPT-4 的技术报告提到了"能力预测（Capability Prediction）"这个有价值的新研究方向。这个方向的核心是用小模型来预测大模型在某些参数组合下的能力，从而缩短模型开发周期并减少试错成本[②]。

这个方向的研究有可能让 AI 模型更加智能和灵活，例如，让 AI 模型自己预测哪些任务它能擅长、哪些任务它不擅长。这样一来，我们与 AI 对话时，AI 就能更好地告诉我们它能为我们做什么、不能为我们做什么。

再次，GPT-4 开源了一个 LLM 评测框架，尤其对于中文，构建实用的中文 LLM 评测数据和框架具有特别重要的意义。好的 LLM 评测数据可以快速发现 LLM 存在的短板和改进方向，这对于促进 LLM 技术的快速发展意义重大[③]。想象一下，如果有了这样的评测框架，我们

---

① GPT-4 Technical Report，https://arxiv.org/abs/2303.08774

② GPT-4 Technical Report，https://arxiv.org/abs/2303.08774

③ GPT-4 Technical Report，https://arxiv.org/abs/2303.08774

就可以更清楚地知道与 AI 对话时它的擅长领域和不足之处。这也让我们想到了一句幽默的话："未来的 AI 是不是会自己参加考试，拿到自己的成绩单，然后告诉我们它在哪些科目表现得好，哪些科目需要加强呢？"这样的场景未免有些搞笑，但也说明了 AI 技术的多元化和自我评估能力有望得到提升。

根据 GPT-4 Technical Report 研究：GPT-4 在大多数专业和学术考试中表现出人类水平的表现。值得注意的是，它通过了模拟版统一法律考试，并获得了前 10% 的考生得分，如图 1-6 所示[①]。

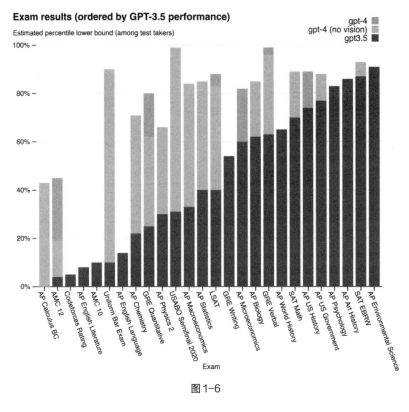

图1-6

---

① GPT-4 Technical Report，https://arxiv.org/abs/2303.08774

与人对话，我们通常会考虑到对方的情感、背景知识和语境。然而，与 AI 对话时，我们需要关注不同的方面。

人类与 AI 交流和人与人之间交流的主要区别如下：

（1）语境理解。尽管 GPT-4 已经具备了一定的语境理解能力，但它仍然不能像人类那样充分理解上下文。因此，与 AI 对话时，我们需要更加明确地表达我们的问题，避免使用模糊或歧义的词语。

（2）情感表达。人与人交流时，我们往往会运用肢体语言、表情和语气等非言语手段表达情感。而与 AI 对话时，我们需要通过文字明确表达我们的情感需求，以便 AI 更好地理解。

（3）思维方式。AI 的思维方式与人类有很大差异。AI 更擅长处理大量信息和进行高速计算，而人类则擅长进行抽象思考和解决复杂问题。因此，向 AI 提问时，我们可以利用它的优势，如数据分析、预测等，以获得更高效的答案。

（4）信任度。人与人对话时，我们往往会根据对方的声誉、经验和专业知识来判断其回答的可靠性。然而，在与 AI 对话时，我们需要了解其背后的算法和数据来源，以评估回答的准确性和可靠性。

想象一下，有一天，小明打开了他的智能手机，决定和 GPT-4 这款 AI 助手聊天：

👤 你觉得我今天的发型帅不帅？

🤖 作为一个 AI 模型，我无法看到你的外貌，也没有审美观念，所以无法评价你的发型。不过，如果你想知道最近流行的发型，我可以为你提供一些时尚资讯。

这里，我们看到了 AI 与人类在语境理解和情感表达上的差异。AI 无法看到外界的实体，也没有情感，但它可以提供相关的信息帮助用户。

👤 我今天心情不好，想听听音乐放松一下，你给我推荐几首歌吧。

💠 当然可以，你喜欢轻松的音乐还是激昂的音乐呢？

尽管GPT-4没有情感，它可以通过文字表达来理解用户的情感需求，并提供相应的建议。

👤 我想到外太空旅行，你觉得我能遇到外星人吗？

💠 外太空旅行是一项极具挑战的探险活动，关于外星人的存在，目前科学界尚无确切证据。不过，探索宇宙总是充满未知和惊奇，也许你的旅行会有意想不到的收获。

这里体现了AI的思维方式和人类的不同。AI更注重事实和逻辑，而人类更倾向于抽象和想象。

👤 如果我要投资股市，你能帮我分析一下行情吗？

💠 作为AI模型，我可以根据历史数据和市场走势为你提供分析报告，但请注意，投资有风险，市场有波动，我的分析仅供参考，不构成投资建议。

在这里，我们看到了信任度的重要性。AI可以提供数据分析，但我们很难判断AI回答的准确性和可靠性。

总之，与AI对话和与人对话有很大区别。在AI时代，我们需要学会适应这些区别，掌握与AI对话的技巧。这将有助于我们更好地利用AI技术，提高工作效率和生活质量。

通过了解这些区别并学会如何与AI进行有效的对话，我们将能够更好地利用这项强大的技术。

1.5 AI 经常提供错误的内容

AI 在许多方面具有强大的计算和处理能力。然而，尽管 AI 能够提供许多有价值的信息和服务，它也会产生误导的内容、不准确的内容，甚至错误的内容，这对于普通人来说往往难以察觉。

以近期的一起事件为例，据美国福克斯新闻报道，ChatGPT 借《华盛顿邮报》之名编写了一篇假新闻，其中包含了大量虚假信息，其中一则指控是称某名教授性骚扰了五名女学生。受害者特雷在福克斯电视节目中为自己澄清，称此事子虚乌有，纯属捏造，且指出 ChatGPT 的假新闻报道了 5 名教授性骚扰的事件经过[①]。

此外，《纽约时报》中的一项研究表明，当研究人员要求 ChatGPT 根据错误和误导性的想法撰写回应时，该机器人大约 80% 的时间都会照做[②]。

图 1-7 所示为受害者特雷教授在福克斯电视节目中为自己澄清。

图 1-7

---

① 腾讯新闻：ChatGPT 编假新闻称教授性骚扰女学生，AI 频繁作恶引担忧，多国加强监管，https://new.qq.com/rain/a/20230412A05HI200

② Disinformation Researchers Raise Alarms About A.I. Chatbots, https://www.nytimes.com/2023/02/08/technology/ai-chatbots-disinformation.html

那么，为什么 AI 会产生这样的错误信息呢？原因有以下几点：

（1）数据偏见与训练数据的问题。AI 是基于大量数据进行训练的，而训练数据中的偏见、不准确信息或虚假信息可能会导致 AI 的输出同样存在问题。这意味着 AI 很容易被有意或无意地引导产生错误或不准确的内容。

（2）缺乏判断力与道德准则。与人类不同，AI 没有自身的判断力和道德准则，因此无法对其输出进行道德判断。这可能导致 AI 在特定情境下产生不恰当或伤害性的内容。

（3）模仿与生成。许多 AI 系统具有强大的文本生成能力，能够模仿人类的语言风格和表达方式。这使得 AI 有时会生成看似真实的内容，而实际上是虚假的。

人们为何偏向于默认相信 AI 提供的信息呢？原因有以下几点：

（1）AI 技术的"神秘感"。许多人对 AI 技术存在一定的神秘感，认为 AI 拥有超乎常人的能力和智慧，因此容易对 AI 提供的信息赋予过高的可信度。

（2）缺乏批判性思维。批判性思维是对信息的客观评估和分析的能力。在 AI 时代，人们往往面临大量信息的涌入，缺乏批判性思维的人容易接受 AI 提供的信息，而不会进行进一步的核实和分析。

（3）人类的认知偏差。人类自身存在认知偏差，如"从众效应"和"权威效应"，这导致人们更容易相信看似权威的信息来源，而 AI 作为一种高科技产物，容易被视为权威来源。

图 1-8 所示是关于人们为何偏向于相信 AI 的思维导图。

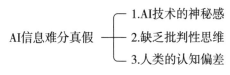

图1-8

那么，没有判断能力的人如何与 AI 交流呢？

（1）避免盲目相信。普通用户在与 AI 交流时应保持一定的警惕性，避免盲目相信 AI 提供的任何信息。对于重要或敏感的信息，应寻找其他可靠来源进行核实。

（2）提问时更加明确和具体。AI 的回答往往与提问的方式和内容有关。用户在提问时应尽量明确、具体并明确自己的需求，以便获取更准确的回答。

（3）了解 AI 的局限性。用户应认识到 AI 并非万能的，它在某些领域内的表现可能优于人类，但也存在局限性，如无法进行主观判断、无法理解人类情感等。

（4）提升自我批判性思维能力。用户应培养自身的批判性思维能力，提高信息鉴别和分析的能力，以便更好地评估 AI 提供的信息。

总之，要保持警惕和批判性思维，以确保获取到准确和可靠的信息。

结论：AI 对话作为一种重要的交流方式，为人类生活带来了便利，但也带来了挑战与风险。我们需要认识到 AI 的局限性和潜在风险，并采取措施提升自身的批判性思维能力，以便更好地利用 AI 技术，为自己的生活和工作带来正面价值。

在未来的 AI 时代，提问不再仅仅是一种简单的获取信息的方式，而是一种批判性思维的体现，是我们与 AI 互动、掌控未来的关键技能。在这个过程中，我们需要保持警惕，理性对待 AI 提供的信息，并在实践中不断提高自己的提问能力和批判性思维，以确保我们能够在 AI 时代中充分发挥自身的主体性，并引导 AI 技术朝着有益于人类的方向发展。

1.6　AI 的局限性

让我给你讲一个故事。有一天，小王正在家中翻阅一本关于艺术史的书籍。突然，他对一位画家的作品产生了浓厚的兴趣，便向 AI 助手 ChatGPT 询问关于这位画家的更多信息。虽然 ChatGPT 能够回答许多关于这位画家的问题，但当小王想了解画家的创作灵感时，ChatGPT 的回答却显得非常笼统。

这个故事揭示了 AI 在处理抽象概念、创造性和深度理解方面的局限性。尽管 AI 在语言处理、分析和生成方面取得了显著的成就，但它们仍然存在一些局限性。在与 AI 对话时，了解这些局限性是十分重要的，以避免误导和不实信息。

1.6.1　详细了解 AI 的局限性

下面详细了解一下 AI 的局限性。

（1）常识理解：AI 在理解日常常识方面相对较弱。例如，如果你问 AI："狗能开车吗？"它可能会给出一个幽默的回答，但实际上这个问题涉及生物学和物理学的基本常识。这是因为 AI 通常通过大量文本数据进行训练，而从这些数据中很难捕捉到我们在日常生活中所理解的基本常识。

（2）时效性：AI 对于时效性问题的回答可能不准确，因为它的知识截止日期通常是在之前的某个时间点。例如，如果你向 AI 咨询最近的新闻事件，它可能无法提供最新的信息。

（3）处理复杂情感和价值观：AI 在理解和处理人类情感、信仰和价值观方面的能力有限。例如，当你谈论一个复杂的道德问题时，AI 可能无法提供深入的洞察和建议。

（4）创造性：尽管 AI 可以生成各种各样的内容，但它在真正的创造性方面仍有局限。例如，AI 可能很难为你创作一首独一无二的诗歌，因为它的创作基于已有的数据和模式。

（5）现实操作：AI 在现实生活中的操作能力有限。例如，AI 可能会告诉你如何更换轮胎，但它无法亲自帮你完成这项任务。

1.6.2　GPT-4 也有明显的缺点

就单单说 2023 年发布的 GPT-4，它也有很明显的缺点。

（1）无法处理特定领域问题：由于 ChatGPT 没有与外部数据库或专业知识库进行链接，它可能在处理一些需要特定领域知识的问题时表现得不够准确。例如，如果用户询问特定领域的深度学术问题或独特的技术问题，ChatGPT 可能无法提供专业和详细的解答。

（2）缺乏实时数据访问：由于 ChatGPT 是一个非联网模型，它无法访问实时的网络数据，因此无法提供超过知识截止日期之后的最新信息。例如，用户询问最新的新闻、股票价格或体育赛事结果时，ChatGPT 无法提供准确的答案。

（3）无法执行在线操作：ChatGPT 无法执行涉及联网操作的任务，如为用户预订餐厅、查询航班、在线购物等。由于模型没有互联网访问权限，无法实现这些实时在线操作。

1.6.3　AI 其他潜在的缺陷

AI 除了有局限性外，还有一些潜在的缺陷。

（1）安全与隐私：AI 加速了科技进步，但同时也带来了新的安全隐患。自动化使人类更难以检测到恶意行为，如网络钓鱼、向软件中引入病毒、为个人利益操纵 AI 系统。更有甚者，AI 可能催生新的 AI 启用恐怖主义形式，如自主无人机和机器人集群、远程攻击或通过纳米机器人传递疾病。

（2）偏见：由于 AI 算法是由人类创建的，因此可能会故意或无意地将偏见融入算法中。如果 AI 算法开发时存在偏见，或者用作算法训练集的数据存在偏见，那么 AI 算法产生的结果将是有偏差的。这可能导致无法预见的后果，类似于歧视性的招聘做法和某些失控的社交媒体聊天机器人。因此，公司在创建 AI 算法时必须适当设计并训练算法。

（3）环境影响：尽管 AI 有潜力造福环境，如通过创建能够匹配能源需求的智能电网或智能低碳城市，但由于其高能耗，AI 也可能对环境造成严重损害。据研究，训练单个 AI 模型会产生约 300 000 千克的二氧化碳排放，相当于从纽约市到北京的往返航班约 125 次，或者是典型美国汽车的五倍终身排放量。

（4）法规缺失：随着科技的发展，世界变得越来越小，这也意味着不同国家需要就 AI 技术制定新的法律和法规，以实现安全、高效的跨境互动。由于我们不再处于孤立的状态，一个国家的人工智能政策很容易对其他国家造成伤害。

（5）对人类的威胁：虽然许多好莱坞电影灵感来源于 AI 可能会反抗人类的情节，但这样的想法过于戏剧化。更值得担忧的是，人类可能无法理解机器决策背后的动机，这可能导致不可预知的后果。例如，AI 可能在紧急情况下作出迅速但错误的决策[1]。

图 1-9 所示为英国机器人公司 Engineered Arts 为其超逼真的人形机器人 Ameca 接入了 ChatGPT。她能够将自己的脸部扭曲成极其逼真、类似于人类的表情，从怀疑到厌恶不等。图 1-9 中是机器人 Ameca 展现出生气的一面[2]。

---

[1] The 14 Scary Cons Of Artificial Intelligence (+Benefits) – Dataconomy, https://dataconomy.com/2022/08/the-cons-of-artificial-intelligence/

[2] Welcome to Ameca, https://futurism.com/the-byte/gpt-3-ameca-robot-facial-expressions

图1-9

1.6.4 ChatGPT 的思维非常像人脑

ChatGPT 的思维非常像人脑。这是因为它采用了自注意力机制（Self-Attention Mechanism）和 Transformer 网络。在训练过程中，ChatGPT 使用了大量的文本数据，包括书籍、文章、网页等。这些数据来源于多种主题，如日常对话、科学知识、历史事件等。通过对这些数据的学习，ChatGPT 能够模仿人类思维的方式来理解和生成文字。

在很多方面，ChatGPT 都像人脑。例如：

（1）语言理解。它能够理解各种语言表达，包括俚语、谚语、双关语等，并能根据上下文判断词义，这与人类理解语言的过程非常相似。

（2）知识储备。ChatGPT 的知识储备来源于它所学习的大量文本，就像人类通过阅读和学习积累知识一样。

（3）创意表达。在生成回复时，ChatGPT 能够根据不同的情境和语境进行创意性的表达，这也是人类在交流过程中的一种特点。

然而，尽管 ChatGPT 在很多方面模仿了人类思维，但在数学逻辑方面却相对较弱。这主要是因为：

（1）训练数据偏向。大部分训练数据都是文本和自然语言，数学逻辑相关的数据相对较少。因此，ChatGPT 的数学能力不如对自然语言的理解能力强。尽管模型在训练过程中可能接触到一些数学相关的文本，但这些内容对于深入理解数学逻辑和概念是远远不够的。

（2）复杂计算能力。与计算机程序相比，人脑在处理复杂数学问题时相对较慢。ChatGPT 也同样受到这种限制，不能像计算机程序那样快速准确地进行数学计算。这是因为 ChatGPT 主要侧重于自然语言处理，而非专门针对数学计算进行优化。

（3）数学逻辑表达。人类在表达数学逻辑时，往往会使用专业术语和符号。由于训练数据中这类内容较少，ChatGPT 在理解和表达数学逻辑时也会遇到困难。此外，数学表达方式的多样性和抽象性也为 AI 在处理数学问题时带来了额外的挑战。

在 GPT-4 的模式下，我们可以随便出一道数学题考一考它，如图 1-10 所示。

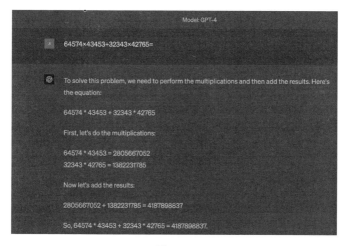

图1-10

它把详细的解题步骤都写出来了，乍一看让人觉得很有道理。

但是我们再试一次，使用的是中文，这次算出来的答案居然不一样！
如图 1-11 所示。

图 1-11

我们亲自使用计算器去计算一下，发现 ChatGPT 两次算的回答居
然都是错的，如图 1-12 所示。

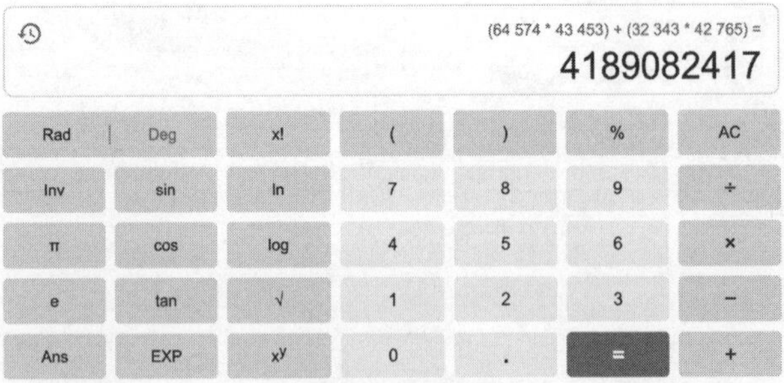

图 1-12

这些错误示例表明，在处理数学问题时，ChatGPT 的表现并不像
在处理自然语言时那样稳定。这主要是 ChatGPT 的本质是一个语言模
型，一种文本生成程序，它更像是人脑，因为人脑也不擅长复杂的数

学计算。因此，当使用 ChatGPT 回答数学问题时，我们需要谨慎对待其给出的答案，并在有疑问时寻求其他来源的帮助。

总之，ChatGPT 以其独特的方式模仿了人类思维，展现了强大的语言理解和创意表达能力。同时，我们也应看到它在数学逻辑方面的局限性，并从中吸取启示，努力提高自己在各个方面的能力。以轻松通俗的话说，ChatGPT 就像是一个能说会道的"语言天才"，但在数学这个领域，它还需要我们的帮助和指导，共同进步。

了解 AI 的局限性和注意事项，我们可以更好地利用 AI 技术，充分发挥其潜力，同时避免不必要的误导和风险。在 AI 大模型时代，学会提问和批判性思维对于与 AI 助手进行高效、准确对话至关重要。在后续章节中，我们将继续深入探讨如何掌握 AI 对话的技巧和方法，提升我们在与 AI 助手互动中的效果。

1.7 探究 AI 的深层原理和实现机制

随着人工智能（AI）在各个领域的广泛应用，对其工作原理和实现机制的了解显得尤为重要。本节将深入探讨 AI 的核心概念，结合最新的研究成果和案例，先对专业的术语进行介绍，再用通俗易懂的语言进行解释，并用生动的例子阐释各个复杂的概念，使文章更具深度内涵、趣味性和可读性。

1.7.1 深入理解 AI 学习方法

可从以下几方面深入理解 AI 学习方法。

（1）神经网络算法：神经网络就像我们大脑中的一个迷你版，它们通过模仿我们大脑的工作方式，帮助我们处理复杂的问题。你可以想象它们就像一个超级智能的工厂，有各种各样的工人（层）和工具

（激活函数），他们共同协作，从我们提供的原始数据中提取有用的信息。例如，在计算机视觉的问题中，这个"超级工厂"可以通过查看图片的一小部分（如边缘、纹理等），来帮助我们确定图片中的物体是什么。

（2）监督学习：监督学习就像一个学生和老师的关系。我们告诉AI（学生）一些例子（例如，这是一张猫的图片，那是一张狗的图片），然后让AI自己去猜测新的图片是猫还是狗。如果AI猜错了，我们就纠正它；如果AI猜对了，我们就奖励它。通过这样的方式，AI可以学习如何从图片中区分猫和狗。图1-13所示为监督学习运作的流程图。

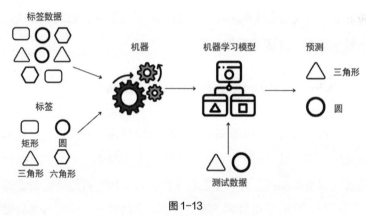

图1-13

（3）无监督学习：无监督学习与监督学习不同，训练数据中没有提供输出标签。无监督学习的目标是发现输入数据中的隐藏结构或模式。常见的无监督学习任务包括聚类、降维和异常检测等。一个典型的无监督学习案例是K-means聚类算法，通过将相似的数据点聚集在一起，可以发现数据中的分布特征。图1-14所示为无监督学习运作的流程图。

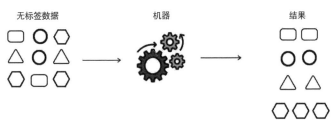

图 1-14

（4）半监督学习：半监督学习介于监督学习和无监督学习之间，使用部分有标签数据和大量无标签数据进行训练。通过利用无标签数据中的结构信息，半监督学习旨在提高模型的泛化性能。可以将半监督学习想象成一个厨师，他掌握了部分食谱（有标签数据），而其他食谱则没有做过（无标签数据）。通过观察烹饪过程中的规律和技巧，他能够将所学应用到其他菜肴的制作中。一个典型的应用实例是 Facebook 的 SEER 模型，通过半监督学习实现了大规模图像识别任务。图 1-15 所示为半监督学习运作的流程图。

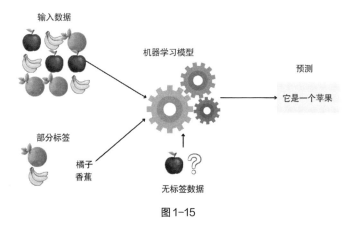

图 1-15

（5）强化学习：强化学习是一种在试错过程中学习策略的方法。强化学习的主要组成部分包括智能体（Agent）、环境（Environment）、动作（Action）和奖励（Reward）。智能体通过与环境交互，执行动作并获得奖励。通过不断地探索和利用环境，智能体可以学会实现目标的策略。一个典型的强化学习案例是AlphaGo，通过强化学习策略，AlphaGo成功击败了世界围棋冠军，展现了它强大的算法，在面对对手的每一步棋时，AlphaGo都能经过缜密的机器计算，找出最优解，使失误率降到最低。AlphaGo的大局观体现在两个地方：第一，自始至终对局势的把握，总是恰到好处地保持胜势；第二，AlphaGo已经深入影响人类对布局的思考。

（6）元学习：元学习（Meta-Learning）是一种学习如何学习的方法。通过训练一个模型来快速适应新任务，元学习有望实现从少量数据中快速学习的目标。元学习就像是一位超级学霸，他不仅学会了知识，还学会了如何学习。当遇到新问题时，他能够迅速找到学习方法，从而快速掌握新知识。例如，OpenAI的MAML算法已成功应用于强化学习和监督学习任务。

1.7.2　神经网络的发展趋势

神经网络的发展趋势如下：

（1）卷积神经网络（CNN）。想象你正在看一幅画，你先看到的是大概的颜色和形状，然后你开始注意到更具体的细节，如线条的粗细、颜色的深浅。这就是卷积神经网络工作的方式。它就像一位艺术鉴赏家，逐步解读并提取出图片的各种特征。它被广泛应用在面部识别技术中，如你的手机解锁、社交媒体上的照片标签等。

（2）循环神经网络（RNN）。试想一下，你正在与一个非常聪明的朗读者对话，他不仅可以记住你说过的每一句话，而且还能理解这些句子之间的关系。这就是循环神经网络的工作方式。它能处理一连串的数据，并应用于自然语言处理、语音识别和时间序列预测等领域。其中，长短时记忆网络（LSTM）和门控循环单元（GRU）等变种，更是解决了在训练复杂模型时经常遇到的梯度消失和梯度爆炸问题。

（3）Transformer。基于自注意力机制的 Transformer 模型在自然语言处理领域取得了重大突破，像一个精通捕捉关键信息的侦查专家，能够快速定位并理解句子中的重要元素。BERT、GPT 和 T5 等预训练模型已成为许多自然语言处理任务的主流选择。不仅如此，Transformer 最近也成功地拓展到了计算机视觉领域，如 Vision Transformer（ViT）模型，在这个领域也表现出了显著的性能。

图 1-16 所示是 GPT 模型输入 / 输出流程图。

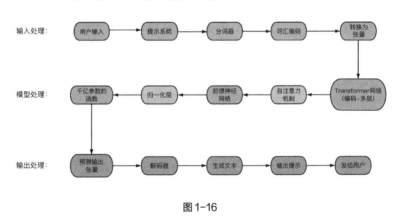

图 1-16

1.7.3　优化方法与损失函数的创新发展

以下是优化方法与损失函数的创新发展：

（1）学习率调整策略。想象一下，你正在驾驶一辆汽车，你需要根据路况适时调整油门，才能保证车辆快速且平稳地行驶。这就像我们在训练 AI 模型时，需要根据训练进度调整学习率。现代优化方法中的自适应学习率调整策略，如余弦退火（Cosine Annealing）和学习率预热（Learning Rate Warmup），就是这个原理的应用，它们有助于加速训练过程并提高模型性能。

（2）对抗性训练与生成对抗网络（GAN）。你是否曾经被那些在网上流传的以假乱真的"名人照片"震惊过？那就是生成对抗网络的杰作。GAN 工作就像是一场艺术家与鉴赏家的较量，艺术家努力创作逼真的作品，鉴赏家则努力识别出作品的真伪。在这场竞赛中，艺术家（生成器）和鉴赏家（判别器）都在不断提高他们的技术，最终创作出惊人的逼真图像。

图 1-17 所示是一张由 GAN 生成的照片和原始照片的对比。

图 1-17

1.7.4　迁移学习与预训练模型

迁移学习可以看作是一种"接力赛"的学习策略。就像在接力赛中，前面的选手会将自己的速度和力量通过接力棒传递给后面的选手，同样地，预训练模型会将其在大量数据上学习到的知识，如特征提取能力，通过参数传递给下游任务的模型，从而帮助其更快地适应新任务，提高学习效率。想象一下，如果你是一个初学者，你需要从零开始学习如何弹钢琴。这将是一个艰巨的任务，你需要花费大量的时间和精力。但是，如果你已经学会了吉他，那么你在学习弹钢琴时就会更加容易，因为你已经掌握了一些关于音乐和乐器的基本知识。这就是迁移学习的原理。

现在看一个具体的例子：BERT 模型。BERT 是一种预训练模型，它在海量的文本数据上进行预训练，学习到了丰富的语言知识，如单词的意义、词与词之间的关系等。然后，当我们需要处理一个新的自然语言处理任务，如情感分析（判断一段文本的情绪倾向）时，我们不需要从零开始训练一个模型，而是可以直接使用 BERT 模型，再在我们的任务数据上进行少量的训练，就可以得到一个性能优秀的模型。这就好比一个已经精通吉他的人在学习弹钢琴时，不需要从学习音乐的基本概念开始，而是可以直接进入到弹奏技巧的学习阶段。

预训练模型不仅在自然语言处理领域取得了巨大的成功，也在图像处理领域展现了强大的能力。如 ResNet，这是一种在大量图片上预训练的模型，它学习到了如何从图像中提取有效的视觉特征。当我们需要处理一个新的图像处理任务，如猫狗图像分类时，我们可以直接使用 ResNet 模型，再在我们的任务数据上进行少量的训练，就可以得到一个性能优秀的模型。这就好比一个已经是专业摄影师的人在学习新的摄影技巧时，不需要从学习如何使用相机开始，而是可以直接进入到新技巧的学习阶段。

图 1-18 所示为预训练模型的流程图。

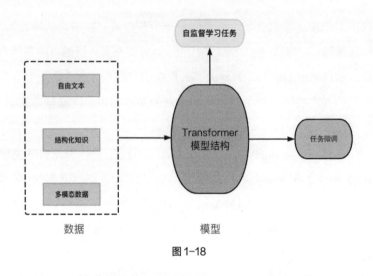

图 1-18

1.7.5　AI 与传统算法的融合发展

AI 与传统算法的融合发展情况如下：

（1）神经网络与决策树的融合。试想一下，如果我们将一个数学天才的计算能力和一个侦探的推理能力结合在一起，会发生什么？神经网络决策树（NNDT）就是这样的一个结合。它将神经网络强大的计算能力和决策树清晰的推理过程结合在一起，使我们能更好地理解并处理复杂的数据。这种融合就像是将一位数学家的抽象思维与一位侦探的实际操作相结合，共同解决问题。

（2）AI 辅助科学研究。让我们通过一个具体的例子来看 AI 如何帮助科学研究。AlphaFold 是一个 AI 算法，它在预测蛋白质如何折叠这个问题上取得了重大突破。为什么这个重要呢？因为蛋白质的折叠形状决定了它的功能，而预测蛋白质的折叠方式一直是生物学中的一个难题。AlphaFold 的成功表明，AI 和传统科学方法可以相辅相成，一起推动科学的进步。将 AI 视为一位得力助手，它可以在科研工作中发挥关键作用, 帮助研究者更有效地解决复杂问题。[①]

图 1-19 所示为由 DeepMind 发表的关于两个蛋白质靶点和 AlphaFold 预测结构与实验结果比较的情况。

T1037 / 6vr4
90.7 GDT
(RNA polymerase domain)

T1049 / 6y4f
93.3 GDT
(adhesin tip)

图 1-19

1.7.6　AI 与人脑学习的互动合作

AI 与人脑学习的互动合作情况如下:

(1) 神经科学驱动 AI 发展。神经科学就像是 AI 发展的指南针。通过研究人脑的工作原理, 我们发现并模仿了神经元的工作机制, 这就诞生了我们现在所知的神经网络模型。并且, 这个过程并非一方面的, 深度学习模型也反过来为神经科学提供了新的研究工具和方法, 让我们能够更深入地理解大脑的奥秘。

(2) 精神心理学启示 AI 设计。精神心理学给 AI 设计提供了一幅有用的蓝图。它帮助我们理解并模仿人类的注意力机制、记忆机制等, 让 AI 系统更具人性和直观性。一个很好的例子就是神经网络中的注意力机制 (Attention Mechanism), 它受到了人类视觉注意力的启发, 并

[①] 16 Minutes #48: AlphaFold! Protein Folding, Beyond the Hype, https://a16z. com/2020/12/06/16mins-deepmind-alphafold-casp-protein-folding-deep-learning-ai-bio/

已在自然语言处理、计算机视觉等领域取得了显著的进展。

（3）人工智能教育与辅导。你是否希望有一个能够完全理解你的学习风格和进度的私人教师？AI教育系统就能做到这一点。它可以根据你的学习进度和能力，提供个性化的教学。例如，它可以帮你在困难的数学题目上多花一些时间，或者在你已经掌握的概念上少花一些时间。这就像你有一个私人教练，不仅了解你的强项和弱点，还能调整训练计划以最大化你的学习效果。

（4）人脑与AI的协同创新。你是否想过你的思维可以直接控制一个机器人或者一个虚拟角色？脑机接口技术（BMI）正在努力实现这个目标。BMI允许你的大脑和AI系统直接交流，这意味着你可以只用思考就可以控制一个机器人去完成一些任务，或者在一个虚拟世界中控制一个角色。例如，有些科研人员已经使用BMI技术帮助身体瘫痪的人通过思考就能控制轮椅或者外骨骼。

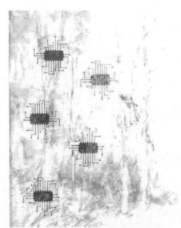

总之，人工智能领域的发展离不开与多种概念、技术和领域的交叉与融合。这些概念和技术之间的互动关系像是一张复杂的网络，共同推动着人工智能的进步。从深度学习到自然语言处理，从迁移学习到神经网络与决策树的融合，再到人脑与 AI 的互动合作，这些概念和技术不断拓展人工智能的边界，开创了无数令人惊叹的应用和成果。

1.8　AI 为什么喜欢胡说八道

我们尝试问 ChatGPT 这个问题。

👤 在面对自己不知道的问题时，ChatGPT 为什么不说自己不知道，而是瞎编一个答案糊弄提问者？

💬 作为一个 AI 语言模型，我的目标是尽量提供有用和相关的信息。然而，有时候我的回答可能是基于不完整或过时的信息，这可能会导致我给出不准确的答案。另外，由于我是基于大量文本进行训练的，这意味着我会学到一些模糊的知识和逻辑推理技巧，所以有时候我可能会尝试从已有的知识中推测一个答案，而不是直接承认不知道。我会尽量改进，提高对不确定性的认识和表达。如果你发现我的回答有误或不确定，请随时指出并提问。在回答问题时，我会努力判断哪些情况下应该明确表示不知道答案。

想象一下，ChatGPT 就像一位神奇的翻译家，他可以将任何语言翻译成另一种语言，但有时却喜欢在翻译过程中随意加点料。这位翻译家的翻译过程分为两个阶段：编码和解码。

编码阶段，翻译家会将一个词或句子转换成一个包含 1 536 个数字的向量。这个向量可以看作是该词或句子的精简版，类似于将一幅高清图片压缩成一个低分辨率的缩略图。在这个过程中，一些细节信息可能会丢失，但核心信息仍然保留。

解码阶段，翻译家会根据这个向量生成新的词或句子。这时，我们可以给翻译家提出各种要求，如要求将这个向量翻译成英语、西班牙语等。然而，在解码过程中，如果向量中的信息不足以生成准确的词或句子，翻译家就会发挥自己的想象力，对词或句子进行添油加醋。这就是 ChatGPT 有时候会胡说八道的原因。

这个过程就像一幅模糊的 JPG 图片，当你放大图片时，会发现其中的一些细节是错误的或者模糊的。这些错误或模糊的部分就是人工智能的幻觉（Hallucinations）。虽然看上去似乎可用，但实际上可能并不准确。

为了减少这种胡说八道现象，我们可以尝试对模型进行微调（Fine-Tuning），通过给模型提供更具体的指示，引导它生成更准确的词或句子。但是，要完全消除这种现象可能仍然具有挑战性。

在使用 ChatGPT 时，我们需要保持警惕，核实它提供的信息，适时给予引导。通过这种方式，我们可以充分利用 ChatGPT 的强大功能，同时避免因为胡说八道而造成的误导。

👤 提问者如何知道你提供的是准确的信息，还是只是在做模糊的推测？

🤖 作为提问者，确保从我这里得到的信息是准确的，可以采取以下几种方法：

（1）查证来源。如果可能的话，我会尽量提供信息来源，这样你可以对照参考。然而，对于一些基于推理或通用知识的回答，我可能无法提供具体的来源。在这种情况下，你可以进一步调查以确认所提供信息的准确性。

（2）提问具体。尽量让问题更具体和明确，这将有助于我提供更准确的答案。有时候，一个模糊的问题可能导致我提供一个基于推测的答案。

（3）求证。如果你对我的回答有疑虑，请随时提出质疑。我会尽力回答你的问题，提供更详细的解释或更明确的答案。

（4）多角度提问。尝试从不同角度提问相同主题的问题，这样可以通过对比答案来验证信息的一致性和准确性。

（5）别只依赖于 AI。虽然 AI 语言模型在很多情况下可以提供有价值的信息，但作为用户，你应该将我提供的答案作为一个参考，而非唯一的信息来源。确保核实信息，并从其他可靠来源获取信息。

在 ChatGPT 中，我们可以找到许多与 2000—2005 年中国互联网初期类似的现象。在那个时期，中国互联网刚刚崛起，信息技术和网络服务正处于飞速发展阶段。正如在当今 ChatGPT 所呈现的情景中，当时的中国社会也面临着信息泛滥的挑战。互联网给人们带来了前所未有的便利，但同时也伴随着大量虚假和误导性信息的传播。

在 2000 年至 2005 年间，很多人对互联网持有谨慎甚至恐慌的态度，将其视为一种潜在的威胁。这种情绪源于对新兴技术和信息传播途径的不了解，以及对诸如网络诈骗和虚假广告等负面现象的担忧。人们普遍认为网络上的信息不可信，怀疑其真实性和可靠性。

然而，随着时间的推移，人们逐渐适应了这个新兴领域，开始学会如何辨别真伪，应对虚假信息，以及利用互联网资源更好地服务自己的生活和工作。这种转变过程在当今的 ChatGPT 中同样可以观察到，人们正在不断学习和适应这一新型交流方式。

1.9　与 AI 对话的基本策略

假设小李想要请教 AI 助手炖排骨的最佳时间和技巧。我们先来看一个不太好的对话案例。

👤 排骨怎么炖？

⊙ 炖排骨需要将排骨煮熟，可以使用慢炖锅或者高压锅。你可以提供更多信息以便我给出更具体的建议吗？

👤 多久？

⊙ 炖排骨的时间取决于你使用的炖菜工具和排骨的大小。能否告诉我你的具体情况？

这次对话效果不佳，因为小李的问题过于简洁，没有提供足够的背景信息。因此，ChatGPT 无法给出明确和详细的建议。

现在看一个更好的对话案例。

👤 我想请教下炖排骨的最佳时间和技巧，我打算用慢炖锅，排骨是事先已经焯水处理过的。

使用慢炖锅炖排骨是一个好主意。根据你的描述，对于焯水过的排骨，你可以将排骨放入慢炖锅，加入足够的水或高汤，再加入适量的调料，如生抽、老抽、料酒、姜片、葱段等。将慢炖锅设定在低温，炖煮约 3 ~ 4 小时。在炖煮过程中，可以适时尝味，根据个人口味进行调整。炖至排骨酥烂即可。

谢谢，如果我想让排骨口感更入味，有什么建议？

为了让排骨更入味，你可以在炖之前先将排骨用调料腌制一段时间，如 30 分钟到 1 小时。另外，在炖煮过程中，适时加入一些糖和酱油等调料，可以帮助提升排骨的味道。炖煮到最后，你还可以将锅盖打开，让汤汁收浓，这样排骨的口感会更好。

在这个对话案例中，我们可以看到以下几点优势：

（1）小李在提问时提供了足够的背景信息，如"使用慢炖锅"和"排骨已经焯水处理过"。这使得 ChatGPT 能够更准确地理解问题，并提供有针对性的建议。

（2）小李的问题更加具体，便于 AI 回答。例如，他询问炖排骨的最佳时间和技巧，而非简单地问："怎么炖？"

（3）小李在追问时，明确了自己的需求，即让排骨口感更入味。这有助于 ChatGPT 为他提供更实用的建议。

通过对比这两个案例，我们可以看出好的提问方式能够更高效地获取所需信息。在与 AI 对话时，保持简洁明了的提问风格，同时提供足够的背景信息和明确的答案类型，可以帮助 AI 更好地理解我们的需求。耐心地进行多轮对话，从不同角度提问，有助于获得更深刻、详细的回答。这样，我们可以更好地利用 AI 技术，提高与 AI 对话的效果，在日常生活中受益匪浅。

1.10　提高回答质量的关键因素

在 1.9 小节中，我们已经了解了如何通过提供足够的背景信息、明确问题的类型以及进行多轮对话来提高与 AI 助手交流的效果。然而，这仅仅是最基本的策略。要充分利用 AI 助手，节省时间和提高效率，还需要更深入地理解 AI 模型的能力和限制，掌握一些高级的提问技巧。

（1）将问题拆解为子问题。有时，一个复杂的问题可能难以一次性得到满意的答案。在这种情况下，将问题拆解成几个子问题可能更有助于获得详细且有针对性的答案。例如，当你想了解如何提高英语水平时，可以将问题拆解为："如何提高英语听力？""如何提高英语口语？"和"如何提高英语写作？"等子问题。这样，AI 助手将更容易为你提供有价值的建议。

（2）设置合适的回答范围。有时候，我们希望 AI 给出简短且精练的回答，而不是冗长的解释。为此，在提问时可以明确限定回答的长度和范围。例如："AI 小伙伴，你能用三句话概括一下世界第二次工业革命的主要特点吗？"这样，你就能得到简洁且有深度的答案。

（3）针对不同类型的问题，选择合适的提示方式。不同的问题可能需要不同的提示方式。例如，对于事实查询类的问题，你可以使用关键词或者明确的问题语句；对于开放性的讨论问题，你可以设定一些边界，以防 AI 偏离主题。

（4）保持批判性思维和判断能力。虽然 AI 很神奇，但它并非万能的。在与 AI 助手交流时，保持批判性思维和判断能力至关重要。因为毕竟 AI 的回答可能存在偏差、不准确或误导性。所以，在接受 AI 的建议和答案时，要留心辨别其中的价值和真实性。

通过掌握以上这些技巧，我们可以更好地利用 AI 助手。无论在工作中寻找信息，还是在日常生活中解决问题，这些技巧都能帮助我们获得更高质量的回答，从而节省时间和提高效率。

1.11 为何掌握提示技巧至关重要

在与 ChatGPT 互动时，有效的提示技巧可以节省时间和金钱。调用 ChatGPT API 时，费用是基于 token（可以近似理解为单词）来计算的。以 GPT-4 API 为例，2023 年 4 月的收费模式如下：

- 提示：$0.03/1K-token
- 回答：$0.06/1K-token

每次 API 调用的成本约为 1 元。由于 OpenAI 公司需要购买大量顶级显卡以进行运算，因此费用不容忽视。在这种情况下，投资回报率（ROI）的重要性显而易见。

将 ChatGPT 视为 AI 时代的重要生产力合作伙伴，有效的提示技巧是提高 ROI 的关键。与使用 10 个提示才能获得满意答案相比，通过一个精准提示解决问题可以使 ROI 提高 10 倍甚至更多。不断提升提示技巧就像在上一个时代高效地应用 Word 和 Excel 一样，能显著提高工作效率。

第 2 章 —————————————————————————————————

提问技巧与 AI 时代
的融合

2.1 《学会提问》与《批判性思维》的核心理念

　　在古希腊的雅典，有一位名叫苏格拉底的伟大哲学家。他曾经身着破烂衣衫，赤足走在市场上，毫不顾忌地向商贩们提问。他会问："你认为什么是正义？""你认为什么是美好？"他的提问引起了许多商贩的不满，他们嘲笑苏格拉底说："这些问题有什么意义呢？"然而，正是这种提问和批判性思维的方式，使得苏格拉底成了后世无数哲学家的楷模。在这里，我们将以苏格拉底的探讨为例，来展示批判性思维在提问中的体现。

苏格拉底倡导的对话方式被称为"苏格拉底式提问法"，这是一种通过提出深度问题，揭示对方对某个概念的矛盾或盲点，并引导他们自我修正的方法。通过这种方式，苏格拉底的提问不仅帮助对方发现自己观点的不足，更进一步引导他们运用批判性思维，以更理性、深入的方式去理解和分析事物，进一步揭示事物的本质。

以他与年轻的贵族阿里西比底的对话为例，苏格拉底问他："你认为怎样的人是正义的？"阿里西比底回答："遵守法律的人。"苏格拉底继续追问："那么，如果法律是不公正的呢？"阿里西比底陷入了沉思。这个例子展示了苏格拉底通过提问引导阿里西比底运用批判性思维来审视自己的观点。苏格拉底的问题帮助阿里西比底思考到一个更深入的层面，使他不再简单地接受遵守法律就等于正义的观念。

在这个过程中，苏格拉底运用了批判性思维的方法：他首先分析阿里西比底的观点，发现其中可能存在的问题；然后，他通过提问引导阿里西比底自己去发现问题，以便更好地理解和掌握真相；最后，他以开放的心态和尊重他人的态度，鼓励阿里西比底独立思考，寻求更深层次的真理。这种方法不仅锻炼了阿里西比底的批判性思维能力，还有助于他建立自信，培养他对待问题的独立精神。经过一番对话，阿里西比底意识到仅仅遵守法律并不能完全代表正义，他开始思考正义可能包含的其他方面。这个例子清楚地展示了苏格拉底如何运用批判性思维和提问引导别人更深入地审视自己的观点。

通过这个例子，我们可以看到批判性思维在苏格拉底的探讨中的体现。他通过提问引导对方发现自己观点的不足，从而激发他们独立思考，寻求更深层次的真理。苏格拉底的这种方法启发了无数后来的哲学家和思考者，成了一个引导人们批判性思维的经典范例。

下面将带领大家一起探究两部影响深远的著作：《学会提问》和《批判性思维》，它们的核心理念将成为我们在 AI 时代与 ChatGPT 对话的基石。

《学会提问》一书由尼尔·布朗和斯图尔特·基利所著，全书立足于提问在学习和生活中的重要性。书中详细描述了如何通过提问激发思考，解决问题，以及揭示隐藏在表面下的真相。布朗和基利以伽利略证明地球绕太阳转动的历程为例，揭示出提问如何引领我们深入探究事物，找寻事实。布朗和基利认为，提问有助于培养我们的独立思考能力，激发我们的好奇心，有时甚至能激发出我们内心深处的智慧。提问并不仅仅是对外界的质疑，更是对内心思考的一种刺激。作者通过具体的实例，详细解析了各种类型的问题，以及如何用提问去揭示事物的本质。

在《学会提问》一书中，作者举了一个关于科学探索的例子。当伽利略试图证明地球围绕太阳旋转的理论时，他面临了许多质疑和反对。伽利略通过提出问题，不断地调查、实验和观察，最终找到了证明自己观点的论据。这个例子表明，提问能引导我们深入探究问题，从而找到真相。

而《批判性思维》一书，作者理查德·保罗和琳达·埃尔德则从更广泛的角度阐述了批判性思维的概念及其在现代社会中的作用。他们认为，批判性思维是一种以理性、分析和评估为基础的思维方式。批判性思维者会在面对问题时，通过收集和分析信息、评估论据和观点、提出解决方案等手段，做出明智的决策。

作者提到了一个关于判断新闻可靠性的例子。在一个关于气候变化的新闻报道中，一些观点有可能来自没有科学背景的人士，也有可能来自专业的气候科学家。批判性思维者会分析这些观点的来源和弄清其依据，通过评估论据和证据的质量，对这些观点进行独立判断。这个例子展示了批判性思维能帮助我们辨别信息的真实性，避免受到误导。

在这个信息爆炸的时代，我们每天都为海量信息所包围，批判性思维成了一种必备的生存技能。每个人都应当学会批判性思维，以便在面对各种问题时能够独立思考，不受外界干扰。学会批判性思维的三要素包括：

（1）怀疑一切，对所接收到的信息进行独立分析。

（2）保持开放的心态，接受不同的观点和意见。

（3）区分事实与观点，理性评估各种论据。

掌握这些要素，我们才能避免思维的陷阱，成为一个具有独立思考能力的人。

图 2-1 所示为批判性思维三要素思维导图。

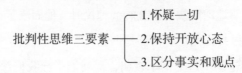

批判性思维三要素 —— 1.怀疑一切
2.保持开放心态
3.区分事实和观点

图 2-1

在探索批判性思维的过程中，我们需要避免一些思维陷阱。例如：

（1）以偏概全，对局部现象进行过度概括。

（2）循环论证，用一个观点证明另一个观点，而不提供新的证据。

（3）二元论，将问题简化为非黑即白的两种选择。

（4）攻击人身，而非针对观点进行辩论。

（5）情感诉求，利用情感影响他人，而非通过理性论证。这些陷阱会使我们在思考问题时迷失方向，陷入思维的误区。

图 2-2 所示为关于思维陷阱的思维导图。

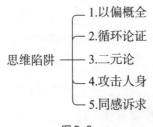

思维陷阱 —— 1.以偏概全
2.循环论证
3.二元论
4.攻击人身
5.同感诉求

图 2-2

论证一个观点时，我们需要遵循一定的原则和方法。首先，我们需要明确自己的观点，找出支持这个观点的证据和论据。其次，我们需要充分了解对方的观点，这样才能进行有效的辩论和反驳。最后，我们需要学会倾听，理解对方的立场和需求，从而找到彼此的共同点，并且达成共识。

在阅读《学会提问》和《批判性思维》这两部著作时，我们可以发现，它们并不是孤立的，而是相辅相成的。提问可以引导我们进行批判性思维，而批判性思维则为我们提供了一套完整的思维和提问工具，使我们能够更好地与 AI 进行对话和探索其中的奥妙。这两部作品让我们明白，批判性思维并不是一门晦涩难懂的学问，而是一种每个人都可以掌握并运用到生活中的技能。

对于个人而言，批判性思维有助于培养我们的独立思考能力、提高我们的分析和解决问题的能力。在工作中，批判性思维有助于我们更好地理解和分析复杂的问题，最终找到最佳的解决方案。在社会生活中，批判性思维能让我们更容易识别虚假信息，更加理性地看待社会现象。在与 AI 的互动中，掌握批判性思维技能将使我们能够更好地评估 AI 提供的建议，从而做出更明智的决策。

总结而言，《学会提问》和《批判性思维》这两部著作是学习批判性思维的指南，除此之外，也还有许多其他书籍，如诺贝尔经济学奖得主丹尼尔·卡尼曼所著的《思考，快与慢》也是优秀的书籍。我们需要掌握提问的艺术，学会如何提出有启发性的问题；同时，我们还需要培养批判性思维的能力，学会在面对各种问题时独立思考，做出明智的决策。

在实践中，我们可以通过阅读、思考、讨论和写作等方式来培养自己的批判性思维能力。首先，通过广泛阅读，我们可以了解不同观点和理论，从而为思考提供丰富的素材。其次，通过深入思考，我们可以提炼出观点和论据，为自己的思考奠定基础。再者，通过讨论和辩论，我们可以锻炼自己的表达和沟通能力，提高思维的敏捷性。最后，通过写作，我们可以系统地整理和表达自己的观点，加深对问题的理解。

批判性思维和提问之间有着紧密的联系。有效的提问是批判性思维的重要组成部分，因为提问能够挑战我们的前提假设，揭示我们的思维盲点，并引导我们深入探索问题。反过来，批判性思维也能够帮助我们提出更深入、更有洞察力的问题，因为批判性思维要求我们理性地分析信息，开放地接受不同的观点，以及具有健全的怀疑精神。因此，这两者相辅相成，一起推动我们在追求真理和解决问题的过程中不断进步。

在与 AI 对话时，我们同样可以运用批判性思维。当 AI 给出建议或回答时，我们要学会提出问题，对 AI 的回答进行分析和评估。我们需要警惕 AI 的潜在偏见和局限性，并从多角度审视问题。只有这样，我们才能充分利用 AI 的智能，为我们的决策提供更有价值的参考。

让我们以批判性思维为指导，勇敢地面对这个变革的时代。只有不断提升自己的思考能力，我们才能在这个充满竞争和挑战的世界中立足，创造出更加美好的未来。

2.2 适应 AI 时代：从传统提问技巧到新环境的转变

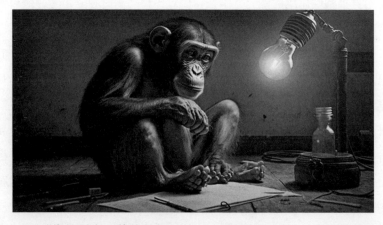

AI 时代的到来，传统的提问技巧也需要与时俱进。我们需要关注

如何改进传统提问技巧以适应 AI 时代的要求，以及提问技巧在 AI 时代中的重要性。

首先，我们来分析一下传统提问技巧在 AI 时代的局限性。在过去，我们的提问对象通常是人类，我们可以通过语言、表情、肢体动作等多种方式沟通。然而，在与 AI 进行对话时，这些非语言沟通的方式失去了效果，我们需要更加依赖于语言本身。此外，AI 并没有人类那样的情感和经验，也无法理解某些隐晦、暧昧或者充满情感色彩的提问。因此，我们在与 AI 对话时需要更加明确、具体和直接。

图 2-3 所示为与人对话和与 AI 对话区别的思维导图。

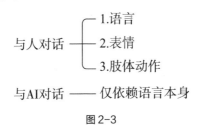

图 2-3

为了应对这些局限性，我们需要改进传统提问技巧，以适应 AI 时代的要求。首先，我们要学会如何用简单明了的语言来提问。对 AI 来说，简洁明了的提问更容易被理解，从而得到更准确的回答。其次，我们需要学会用更具逻辑性的方式来组织我们的问题。AI 在处理逻辑问题方面的能力很强，因此，我们可以尝试将问题拆解成更小的、逻辑性更强的问题，以便 AI 能更好地理解我们的需求。最后，我们要学会适时调整提问策略，以适应 AI 的回答风格。例如，我们可以在得到 AI 的回答后，通过追问、反问等方式，引导 AI 对问题进行更深入、全面的思考。

在 AI 时代中，提问技巧的重要性不言而喻。它是我们与 AI 高效互动的关键，更是我们在信息海洋中获取有价值、可靠知识的重要途径。

掌握了恰当的提问技巧，我们才能充分利用 AI 的强大能力，将其应用于工作、生活、学习等各个领域。

让我们来看一个例子。小王是一位新手程序员，他在开发一个项目时遇到了问题。在过去，他可能会询问身边的同事或者在论坛上提问。而现在，他可以求助于 AI 助手，如 ChatGPT。在与同事或论坛上的其他人进行互动时，小王可以轻松地从他们的回应中捕捉到对方是否理解了他的问题，是否需要进一步阐释。但在与 AI 助手交流时，他则需要学会更清晰、具体地表达问题，因为 AI 助手可能无法像人类那样理解文字背后的含义或上下文。

经过一段时间的实践，小王运用了上述建议来改进自己的提问技巧。遇到编程问题时，他会更详细地描述问题背景，指出自己在哪一部分代码中遇到了困难，以及尝试过哪些方法。在与 AI 助手交流的过程中，他也逐渐学会了从多个角度提问，以获取更全面的解决方案。

总之，在 AI 时代，适应新环境的关键在于认识到传统提问技巧的局限性，并探索如何改进这些技巧以满足新的挑战。

2.3　聪明提问：激发 ChatGPT 潜能的艺术

提问是与 ChatGPT 进行对话的核心环节。掌握提问技巧，如开放式问题与封闭式问题、创造性与深度提问，可以使我们的交流更加高效、有趣。

2.3.1　开放式问题与封闭式问题

在与 ChatGPT 进行对话时，我们常常会运用到两种类型的问题：开放式问题与封闭式问题。例如，开放式问题可以是"你对这个问题有什么看法?"这种鼓励详细回答的问题,而封闭式问题可以是"你同意这个观点吗?"这种需要明确答案的问题。

1. 开放式问题的优势

(1)激发思考:鼓励深入思考,提供有价值的见解。

(2)获得详细信息:挖掘更多细节,全面了解问题。

(3)建立良好沟通:有助于建立互动,使交流更轻松、自然。

2. 封闭式问题的适用场景

(1)确认事实:确认某个信息是否正确。

(2)快速决策:在紧迫的情况下,快速了解关键信息。

(3)限制回答范围:在特定选项中做出选择。

2.3.2　创造性与深度提问:激发 AI 的潜能

创造性与深度提问能帮助我们从 AI 那里获得更有价值的回答。以下是一些实用技巧:

(1)提出开放式问题。鼓励 AI 提供详细的回答,而不仅仅是简单的"是"或"否"。

(2)鼓励 AI 进行比较和分析。当希望 AI 分析多个选项时,引导它进行比较。

(3)探索假设和可能性。让 AI 思考不同的情况和结果,了解问题的多种角度。

图 2-4 所示为关于创造性与深度提问的思维导图。

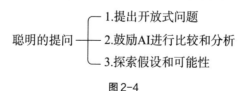

图2-4

2.3.3　实践与案例

在实际对话中，我们可以灵活运用这些技巧来获得有价值的回答。例如，在讨论如何减轻压力时，可以尝试以下提问方式：

（1）一般提问："如何减轻压力？"

（2）创造性提问："能分享一些独特且有效的压力缓解方法吗？"

（3）深度提问："在高压工作环境下，如何在短时间内有效地缓解身心压力？"

通过这些技巧，我们可以更好地利用 ChatGPT 的强大功能，让 AI 更好地为我们服务。

总结：掌握开放式与封闭式问题、创造性与深度提问的技巧对于与 ChatGPT 高效、有趣地进行对话至关重要。在与 AI 进行交流时，根据实际需求和场景灵活运用这些问题，可以帮助我们更快地获取所需信息，同时建立愉快的交流氛围。不断练习并提高提问技巧，我们就能充分利用 ChatGPT 的潜能，让 AI 更好地为我们服务。

2.4　避免循环提问、加载性问题与引导性问题

在与 AI 交流过程中，为了获得有价值的回答和高质量的对话体验，我们避免循环提问、加载性问题与引导性问题的关键是确保问题表述公正、客观，同时允许回答者提供全面的信息。本节将介绍如何避免这些问题并提出改进策略。

2.4.1 如何避免循环提问

为了避免循环提问，可采取以下方法：

（1）重新表述问题。当你发现 AI 重复类似的答案时，尝试用不同的方式重新表述问题。这有助于 AI 从新的角度理解问题并提供有价值的回答。

（2）引入具体场景和限制条件。为问题添加具体的背景和条件，有助于引导 AI 提供更具针对性、有价值的回答。

2.4.2 了解加载性问题与引导性问题的特点

加载性问题是一种包含假设或者对某一观点倾向性的问题。这类问题通常是有意或无意地设置陷阱，可能会导致对话偏离客观事实。引导性问题则是通过问题的表述来引导回答者朝着某个预期方向进行回答，从而可能限制了回答者的思考空间。

图 2-5 所示为避免循环提问、加载性问题与引导性问题的思维导图。

- 1.避免循环提问：添加背景条件，换一种问法
- 2.避免加载性问题与引导性问题：尊重事实，不要在问题里设置陷阱

图 2-5

2.4.3 为什么要避免在 AI 对话中使用加载性问题与引导性问题

避免在 AI 对话中使用加载性问题与引导性问题，主要是考虑到以下原因：

（1）误导回答。加载性问题与引导性问题可能会导致回答者（在本例中为 ChatGPT）给出错误的、不准确的或片面的答案，从而降低了对话的价值。

（2）影响公正性。这些问题可能导致对话中的立场、观点和事实失去公正性，从而使得在探讨问题时无法做到客观和全面。

（3）限制思考。引导性问题可能限制了 ChatGPT 的回答范围，使得其回答可能无法包含更广泛的观点和信息。

2.4.4 如何改进问题以提高提问质量

1. 对于循环提问

👤 如何提高我的写作技巧？

💮 尝试阅读更多的书籍，多写作并请教他人。

👤 针对写作结构和风格，有什么具体的建议吗？

💮 关于写作结构，你可以学习使用主题句、论证和结论等元素；对于风格，注意语言简洁明了，运用多样的修辞手法，如比喻、排比等。

2. 对于加载性问题

👤 为什么人们总是对气候变化持怀疑态度？

💮 并非所有人都对气候变化持怀疑态度。但是，某些人可能因为政治观点、利益冲突或对科学数据的误解而持怀疑态度。

👤 人们对气候变化持不同态度的原因是什么？

💮 人们对气候变化的态度差异可能来源于多种因素，如政治观点、利益冲突、教育背景、科学数据的理解和媒体报道等。

3. 对于引导性问题

👤 你认为基于太阳能的技术是解决能源危机的最佳途径吗？

💮 基于太阳能的技术确实是一种可持续、清洁的能源解决方案，但它可能不是唯一的解决方案。能源问题的解决可能需要多种途径和技术的结合，如风能、水能、地热能等。此外，提高能源效率和减少能源浪费也是解决能源危机的重要途径。

👤 哪些可再生能源技术可能有助于解决能源危机？

🤖 有多种可再生能源技术可能有助于解决能源危机，包括太阳能、风能、水能（如水力发电和潮汐能）、地热能、生物质能等。实际解决能源危机的途径可能需要这些技术相互结合，同时还需关注能源效率和减少能源浪费。

通过以上案例可以看出，避免循环提问、加载性问题与引导性问题的关键是要确保问题表述公正、客观，同时允许回答者（ChatGPT）提供全面的信息。这样，我们就能充分利用 AI 的智能，获得更深入、全面的回答，提升与 ChatGPT 对话的质量。

2.5　利用元认知技巧提高提问效果

元认知是指关于自己思考、学习和解决问题的过程的认识。在 AI 对话中，利用元认知技巧可以帮助我们更好地提问，从而获得更有效的回答。

2.5.1 了解元认知在 AI 对话中的作用

在与 ChatGPT 进行对话时，元认知能帮助我们：

（1）评估自己的知识和理解水平，以便提出更明确、有针对性的问题。

（2）监控自己在对话中的思考过程，以发现问题的核心所在。

（3）调整提问策略，以获取更准确、深入的回答。

2.5.2 如何运用元认知技巧改善提问

要运用元认知技巧改善提问，首先要培养自己的元认知能力。以下是一些方法：

（1）反思。在提问前，花时间思考自己的知识和理解水平，以及问题的关键点。

（2）计划。明确提问的目标，制定合适的提问策略。

（3）监控。在对话过程中，关注自己的思考方式，注意判断回答是否满足需求。

（4）调整。根据回答的质量，调整提问策略，以获得更好的结果。

图 2-6 所示为培养元认知能力的思维导图。

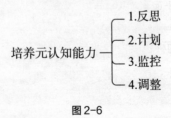

图 2-6

2.5.3 元认知技巧在实际对话中的应用案例

假设你想了解气候变化对海平面上升的影响。在与 ChatGPT 对话前，你可以先反思自己对这个主题的了解，提炼出问题的关键点。然后，制定提问策略，如从气候变化的基本原理开始，逐步深入到海平面上升的影响。

👤 我知道气候变化和海平面上升有关，但不清楚具体的影响机制。请解释一下气候变化是如何导致海平面上升的？

🌀 气候变化导致海平面上升的主要原因有两个：热膨胀和冰川融化。地球变暖，海水温度上升，导致热膨胀，进而使海平面上升。另外，地球变暖也导致冰川和冰架融化，增加了海水的体积，进一步推高海平面。

👤 这个回答解释了气候变化导致海平面上升的机制，但我还想更深入地了解一下这个过程。你能详细解释一下热膨胀和冰川融化是如何具体导致海平面上升的吗？

🌀 当水被加热时，其分子会获得更多的能量并开始更活跃地移动，这导致水的体积膨胀，这就是热膨胀。在全球范围内，随着海水温度的升高，热膨胀会导致海平面的上升。

冰川融化是另一种导致海平面上升的主要方式。随着全球气温的升高，地球上的冰川和冰架开始融化并流入海洋。这增加了海洋的总水量，进而导致海平面上升。

👤 明白了，这两种机制让我对海平面上升有了更深入的理解。那么，气候变化对海平面上升的影响有多大呢？

🌀 气候变化对海平面上升的影响是深远的。据国际海洋学委员会报告，自 20 世纪以来，全球平均海平面已经上升了约 20 厘米。预计到 2100 年,不论我们采取何种缓解措施,全球平均海平面都将继续上升。在最乐观的情况下,即我们大幅减少温室气体排放,海平面可能上升 30 ~ 60 厘米。然而,在最糟糕的情况下,如果我们继续现行的排放模式,海平面可能上升 60 ~ 110 厘米。这将对许多沿海城市和岛国造成深远的影响,包括但不限于洪涝、海岸线侵蚀、盐水渗入淡水系统,以及影响海洋生态系统。

通过这个例子,你可以看到,元认知技巧能够帮助你更有效地在 AI 对话中提出问题,从而获得更深入、全面的回答。

2.6　情景模拟与角色扮演

本节将探讨在与 ChatGPT 对话时运用情景模拟与角色扮演的价值,以及如何根据不同角色调整提问方式。我们还将通过一些真实案例来阐述这些技巧。

2.6.1　在 AI 对话中运用情景模拟与角色扮演的价值

在 AI 对话中运用情景模拟与角色扮演的价值体现在以下几个方面:

(1)提高创造力。情景模拟与角色扮演有助于开发思维的多样性,激发创造力,从而提高对话的价值。

(2)增强沟通技巧。通过模拟不同角色,可以锻炼自己在不同情景下的沟通能力,提高提问的技巧。

(3)拓宽视野。模拟不同角色和情境有助于从不同角度审视问题,从而获得更多元、全面的答案。

2.6.2　模拟不同角色的提问策略

以下案例展示了如何模拟不同角色进行提问。

案例 1：身为初创公司创始人

👤 作为初创公司的创始人，我该如何筹集资金？

🤖 作为初创公司的创始人，你可以通过以下途径筹集资金：①亲朋好友投资；②种子轮融资；③天使投资人；④创业比赛和政府补助；⑤众筹平台；⑥加速器和孵化器。在筹集资金时，请确保制定详细的商业计划，展示你的产品或服务的独特优势，以及阐述公司的长期愿景。

案例 2：身为环保主义者

👤 作为一名环保主义者，我该如何减少日常生活中的塑料消耗？

🤖 身为一名环保主义者，你可以采取以下措施来减少日常生活中的塑料消耗：①使用可重复使用的购物袋；②避免购买一次性塑料制品；③携带自己的水瓶和餐具；④选择可循环利用的包装材料；⑤在家庭中实施垃圾分类。这些做法不仅有助于减少塑料污染，还有助于提高你身边人们的环保意识。

2.6.3　如何根据角色调整提问方式

在进行角色扮演时，需要根据角色的特点和需求调整提问方式。以下案例说明了如何根据角色调整提问方式。

案例 1：身为教育工作者的你

👤 作为一名教育工作者，如何激发学生的学习兴趣？

🤖 作为一名教育工作者，你可以尝试以下方法激发学生的学习兴趣：①采用生动有趣的教学方式；②设置实际问题和情境，让学生了解知识的实际应用；③鼓励学生提问和参与讨论；④为学生提供个性化的学习支持；⑤表扬和激励学生的进步和努力。通过这些方法，你可以提高学生的学习积极性，帮助他们发掘自己的兴趣和潜力。

案例2：身为健身爱好者的你

🧑 作为一名健身爱好者，如何制定合适的锻炼计划？

🤖 作为一名健身爱好者，你可以遵循以下步骤来制定合适的锻炼计划：①确定你的健身目标；②评估自己的体能水平和可用时间；③选择适合你目标的锻炼类型，如有氧运动、力量训练或柔韧性训练等；④设定合理的锻炼频率、强度和持续时间；⑤定期调整计划以适应你的进步和需求。同时，请确保保持健康的饮食和充足的休息，以支持你的锻炼计划。

通过以上案例，我们可以看到情境模拟与角色扮演在与 ChatGPT 对话中的价值。通过模拟不同角色和情境，我们可以拓宽视野，更深入地了解问题，并提高提问技巧。在进行角色扮演时，请注意根据角色的特点和需求调整提问方式，以获得更有针对性的回答。

2.7 苏格拉底式提问法

苏格拉底（约公元前 470 年—公元前 399 年）是古希腊哲学家，被誉为西方哲学之父。他的思想和提问方法对后世产生了深远的影响。苏格拉底虽然没有留下任何书面作品，但他的思想和故事被其弟子柏拉图和其他古希腊历史学家记录了下来。

据说，苏格拉底常常在雅典的市场、广场等公共场所与人交谈，引导他们思考道德、善良、美丽等概念。他的提问技巧独特，通常以一种看似简单的问题开始，然后逐渐引导对方深入思考，直至发现问题的真相。这种提问方法后来被称为"苏格拉底式提问法"。

有一个关于苏格拉底的著名的故事，讲述了他如何通过提问引导一个名叫西蒙的年轻人去思考知识的本质。苏格拉底首先询问西蒙关于义务、责任等抽象概念的定义。每当西蒙给出一个答案，苏格拉底就会通过反问、追问等方法揭示其中的矛盾或不足之处，促使西蒙不断修正和完善自己的观点。在这个过程中，西蒙逐渐认识到自己对这些概念的理解是有限的，从而产生了对知识的渴求。

这个故事展示了苏格拉底式提问法的核心思想：通过一系列精心设计的问题，引导对方自己发现问题的答案。这种方法强调了思考、探索和发现的过程，而非简单地接受他人的观点。

苏格拉底式提问法对后世产生了深远影响。在教育领域，这种方法被认为是一种有效的教学手段，有助于激发学生的思考能力和创造力。在领导力培训、心理咨询等领域，苏格拉底式提问法也被广泛应用，作为一种引导对方自省、发现和成长的工具。

首先，我们来看看开放性问题在与 AI 对话中的实际应用。开放性问题有助于引导 AI 提供更多的信息，使我们能够得到更全面、深入的解答。例如，当我们在研究一种新型材料时，我们可以问 AI："这种材料有哪些特点和优势？"通过这样的开放性问题，我们能够了解到新材料的独特属性、应用领域以及可能引发的变革。相比之下，如果我们只问 AI："这种材料比其他材料好吗？"我们可能只能得到一个相对笼统的答案，无法深入了解新材料的具体特性。

接下来，我们要了解如何运用反问技巧与 AI 互动。反问法是一种通过提出与问题相反的观点，引导对方思考的提问方式。在 AI 对话中，反问法可以帮助我们更好地理解 AI 的答案，以及引导 AI 思考问题的不同方面。例如，在讨论环保问题时，我们可以问 AI："人类活动对地球环境的影响究竟有多大？"AI 可能会给出一些数据和研究结果。这时，我们可以进一步反问："如果人类活动对地球环境的影响微乎其微，那么我们为什么要为此付出巨大的代价？"通过反问，我们可以引导 AI 从不同角度审视问题，提供更丰富的信息和见解。

持续追问是苏格拉底式提问法的另一个重要组成部分。在与 AI 对话中，持续追问可以帮助我们深入了解问题，发现问题的各个层面。例如，当我们了解到一款新型智能手机的发布后，可以问 AI："这款手机有哪些亮点？"在 AI 回答了这个问题之后，我们可以继续追问："这些亮点如何影响用户体验？"然后再问："这些影响在市场上是否具有竞争力？"通过持续追问，我们可以逐步深入了解这款智能手机的特性、用户体验和市场竞争力等各个方面。这样，我们就能更全面、系统地评估这款手机的优劣，为购买决策提供有力依据。

图 2-7 所示为苏格拉底式提问法的思维导图。

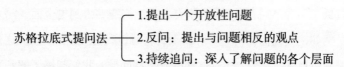

图 2-7

现在让我们通过一个实际案例来展示如何利用苏格拉底式提问法与 AI 进行深入探讨。小明是一名初创企业的创始人，他想了解如何在竞争激烈的市场中脱颖而出。他首先向 AI 提出了一个开放性问题："初创企业如何在激烈竞争的市场中脱颖而出？" AI 给出了诸如产品创新、精准定位、营销策略等方面的建议。

接着，小明利用反问法引导 AI 深入探讨："如果我们的产品已经足够优秀，我们还需要投入大量资源进行市场营销吗？" 对此，AI 解释说，即使产品优秀，也需要通过有效的市场营销让潜在客户了解并认可产品的价值。

最后，小明通过持续追问来深入探讨问题："那么，我们应该如何制定有效的市场营销策略？""哪些渠道和手段对我们的企业最有效？""如何量化营销成果并持续优化策略？" 通过这一系列追问，小明从 AI 那里获得了关于制定市场营销策略、选择渠道、评估效果等方面的有益建议，为他的初创企业制定了一套可行的发展策略。

这个例子展示了，通过运用苏格拉底式提问法，我们可以引导 AI 提供更全面、深入的信息和见解，从而更好地解决问题。在 AI 大模型时代，掌握提问技巧与 ChatGPT 对话的关键技能，对我们的学习、工作和生活具有巨大的价值和意义。

总之，在 AI 时代，学会提问比以往任何时候都更加重要。通过掌握苏格拉底式提问法等提问技巧，我们可以与 AI 建立更高效、富有成效的对话。

2.8 沃伦·贝格尔提问技巧

在前面的章节中，我们介绍了提问技巧在 AI 时代的重要性以及将传统提问技巧应用于 AI 对话中的方法。本节将重点介绍沃伦·贝格尔的《如何提出一个好问题》一书，以及书中的精华内容在 AI 对话中的应用。

《如何提出一个好问题》这本书被认为是提问技巧的经典之作。贝格尔在书中阐述了提问的艺术并对如何通过提出高质量的问题来挖掘更深层次的知识做出了具体的指导。下面将结合具体案例，详细讲解贝格尔的提问技巧在与 AI 对话中的应用。

1. 提出明确的问题

当小王刚刚入手了一个智能语音助手，他尝试用模糊的方式提问："那个……怎么样？"很明显，语音助手无法理解小王的问题，给出了一个含糊不清的回答。这使小王深感困惑。但当小王改变提问方式，变得更加具体："如何种植西红柿？"智能助手立刻给出了详细的种植步骤和注意事项。通过提出明确的问题，小王引导 AI 提供更准确的答案，避免了模糊和笼统的提问。

2. 追求深度

小李在准备地理考试时，遇到了一道关于地壳运动的题目。他向AI提问："地壳运动是什么？"AI给出了一个简单的解释。然而，小李并没有满足于此，他继续追问："地壳运动的原因是什么？它会产生哪些影响？"通过深入探讨问题的背景、原因和影响，小李获得了更全面的信息，从而做出更明智的决策。

3. 提问的顺序

当小陈在寻找新工作时，他试图向AI咨询关于某公司的信息。他首先询问公司的背景信息，了解公司的发展历程、业务领域和市场地位等。接着，他询问公司的具体待遇和福利政策。最后，他探讨了公司的发展前景和自己在公司的职业规划。通过合理安排问题的顺序，小陈更有效地引导AI进行思考，找到了满意的答案。

4. 提问的角度

小明在研究环保问题时，尝试从不同角度向AI提问。他先从经济角度提问："环保对经济发展有什么影响？"接着从社会角度提问："环保在社会发展中扮演什么角色？"最后从科技角度提问："环保科技的发展现状如何？"通过多角度提问，小明拓宽了自己的视野，发现了问题的多个层面，从而找到了更全面的解决方案。

5. 质疑假设

当小华在了解气候变化时，他不满足于肤浅的观点，而是挑战一些看似理所当然的假设。他向AI提问："为什么我们总是认为人类活动是气候变化的主要原因？还有其他可能性吗？"这样的提问引导AI进行更深入的思考，帮助小华发现问题的新颖见解。

6. 探求证据

在与AI讨论疫苗接种的利弊时，小赵要求AI提供证据和依据，以支持其给出的答案。他问："疫苗接种的好处有哪些？有哪些科学研究支持这一观点？"通过探求证据，小赵确保了获取的信息准确可靠。

7. 分析问题的关联性

小丽在与 AI 对话时，试图了解食品安全问题与公共卫生问题之间的关联和相互影响。她问："食品安全问题如何影响公共卫生？这两个问题之间有什么关联？"通过分析问题的关联性，小丽更好地理解了问题的全貌，从而得到了更有效的解决方案。

8. 积极寻求反馈

在与 AI 对话过程中，小刚不断反馈自己的需求和疑虑。当 AI 给出的答案无法满足他的需求时，他会提出更具体的问题，或者要求 AI 从不同角度解释。这样的互动使得 AI 能够更好地满足小刚的需求，提高了对话质量。

图 2-8 所示为关于如何提出一个好问题的思维导图。

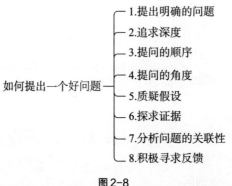

图 2-8

通过以上案例，我们可以看到，沃伦·贝格尔的提问技巧在 AI 对话中发挥了重要作用。在 AI 大模型时代，我们需要善于提问，才能充分利用 AI 的能力，获取更有价值的信息。

2.9 与 AI 对话中的《学会提问》知识点

本节将通过一个生活中的实例来展示如何将《学会提问》的知识点应用到与 AI 对话中。让我们跟随主人公小李的故事，了解他如何在与 AI 对话时运用这些技巧。

小李是一名研究生，最近在准备一篇关于环境污染对人类健康影响的论文。在撰写论文的过程中，他想要了解一下某种化学物质的具体影响。为此，他决定与 AI 助手 ChatGPT 进行一次对话。以下是小李在这次对话中如何运用提问技巧的详细描述。

1. 区分事实和观点

小李向 AI 提问："某化学物质对人体健康有什么影响？" AI 回答说："这种化学物质可能对人体健康有害，尤其是对呼吸系统造成损害。"

在这里，小李注意到 AI 给出的答案包含了事实和观点。为了获得更详细的信息，他询问："你能提供一些证据来支持这个观点吗？" AI 随后提供了一些研究报告和文章，详细说明了这种化学物质对人体健康的影响。

2. 评估信息来源

在查阅 AI 提供的资料时，小李注意到其中有一篇文章的作者在业界并不具有权威性。因此，他要求 AI："请给我一些更可靠的信息来源。"AI 随后提供了一些顶级学术期刊的论文，以及一些知名专家的观点。这使得小李能够更加信任所提供的信息。

3. 检查逻辑与推理

在阅读 AI 提供的资料后，小李发现某些论文中的论述存在逻辑问题。为了弄清楚这个问题，他问道："你能解释一下这篇论文中的推理过程吗？"AI 详细地分析了这篇论文的逻辑结构，并指出了其中可能的问题。这使得小李对这个问题有了更深入的理解。

4. 发现潜在的偏见和立场

在阅读资料的过程中，小李注意到某些论文的作者似乎对某种观点有所偏向。为了得到更多观点，他要求 AI："你能给我提供一些不同观点的资料吗？"AI 接受了小李的要求，提供了一些来自不同研究团队和观点的资料。这些资料包括了关于这种化学物质影响人体健康的不同看法，使得小李能够全面了解这个问题的多个方面。

5. 持有怀疑态度

在收集到足够的资料后，小李开始撰写论文。然而，在整理 AI 提供的信息时，他保持着怀疑的态度。他发现某些答案看似合理，但在深入思考后可能存在问题。因此，他提出了一些挑战性问题，如："这种化学物质是否对所有人都有害？有无特定的剂量阈值？"这些问题使得 AI 重新思考并给出了更详细的回答。

6. 总结与反思

在撰写完论文后，小李对与 AI 的对话进行了总结与反思。他认为，通过这次对话，他得到了满意的答案，并且 AI 的回答帮助他提高了批判性思维能力。同时，他也明白了在与 AI 对话时运用提问技巧的重要性。

图 2-9 所示为关于学会提问的思维导图。

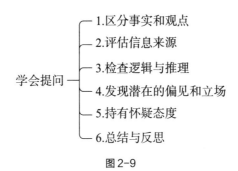

学会提问 —
├ 1.区分事实和观点
├ 2.评估信息来源
├ 3.检查逻辑与推理
├ 4.发现潜在的偏见和立场
├ 5.持有怀疑态度
└ 6.总结与反思

图 2-9

通过这个实例，我们可以看到在与 AI 对话时如何将《学会提问》的知识点进行应用。运用这些技巧，我们能够在与 AI 交流时获得更准确、全面的信息，提高我们的批判性思维能力。

只有善于提问、敢于质疑，我们才能在这个充满信息的时代中找到真正有价值的答案。同时，我们也要警惕 AI 可能存在的误导、不准确或错误的内容，以及潜在的偏见和立场。

2.10　其他著名的提问方法在 AI 时代的应用

在本小节中，我们将探讨其他一些著名的提问方法，以及它们在与 AI 对话时的应用和价值。以下是这些提问方法的简要介绍及其在 AI 时代的实际应用案例。

（1）卡尔·罗杰斯的"倾听式提问"：这种方法强调倾听以激发内在动力。与 AI 对话时，我们可以通过倾听 AI 的回答，深入理解其逻辑和信息。例如，向 AI 咨询心理健康问题时，可以进一步提问以获取更深入的见解。

（2）索尔·贝尔林的"问题分类"：贝尔林将问题分为四类，即事实、解释、评价和建议。与 AI 对话时，我们可以根据问题的类型提出不同的问题。例如，在研究全球气候变化时，事实问题可以是"全球气候变化的主要原因是什么"；解释问题可以是"气候变化如何影响生态系统"；评价问题可以是"目前应对气候变化的措施是否有效"；建议问题可以是"我们应该如何改善气候变化"。

（3）福克与拉兹纳的"批判性提问"：这一方法强调通过提问来检验观点、挑战假设和识别潜在的问题。与 AI 对话时，我们可以运用这一方法来质疑 AI 的答案，挖掘更深层次的信息。例如，在讨论某种药物的安全性时，我们可以问 AI："这种药物的副作用有哪些？""有哪些人群不适合使用这种药物？""这种药物的长期使用可能导致哪些问题？"

（4）保罗和埃尔德尔的"智慧型提问"：这种方法倡导用提问来改善思维，提升判断力和决策能力。在与 AI 对话时，可以运用这一方法以提升我们的思考和决策能力。例如，在制定公司战略时，我们可以问 AI："我们的竞争优势是什么？""如何有效利用这些竞争优势？""面对市场变化，我们如何调整战略以保持竞争力？"

（5）布鲁默的"六顶思考帽"：这种方法鼓励我们在思考问题时从不同的角度进行分析。在与 AI 对话时，我们可以利用这一方法引导 AI

从多角度解析问题。例如，在评估一项投资机会时，我们可以按照"六顶思考帽"的原则进行提问。例如：

- 白帽（事实）："这个投资项目的主要数据和事实有哪些？"
- 红帽（情感）："投资者对这个项目的情感反应如何？"
- 黑帽（风险）："这个投资项目面临哪些潜在风险？"
- 黄帽（机会）："投资这个项目可能带来哪些利益和机会？"
- 绿帽（创新）："有哪些创新的投资策略可以提高这个项目的收益？"
- 蓝帽（总结）："综合以上分析，这个投资项目的整体前景如何？"

通过运用这些知名的提问方法，我们能更深入、有趣地与 AI 展开对话。这些方法能帮助我们全面理解问题，提升思考能力，实现在 AI 时代的高效沟通。在本书中，我们鼓励读者尝试运用这些方法，以充分利用 AI 的潜力，并在学习、工作和生活中创造更大的价值。

第 3 章

掌握与 ChatGPT 对话的 Prompt 技巧

3.1 了解 Prompt 的重要性与作用

本节将深入探讨 Prompt 在 AI 交流中的作用，以及为何掌握 Prompt 技巧是进行有效的 ChatGPT 对话的核心。

3.1.1 什么是 Prompt

1. 聊天机器人中的 Prompt

在聊天机器人中，Prompt（提示）是用户的问题、请求或话题。它允许用户与聊天机器人互动，机器人根据 Prompt 进行回应，提供相关信息，解答疑问或展开对话。简单来说，Prompt 传达了用户的意图和需求。

2. 生成模型中的 Prompt

在生成模型中，Prompt 是一个输入的文本片段或短句，用于引导模型生成相应的输出。它可以是问题、文本描述、对话等。例如，在语言模型中，给定 Prompt "I don't like"，模型可以预测并生成不同的续写，如 apples、oranges，如图 3-1 所示。

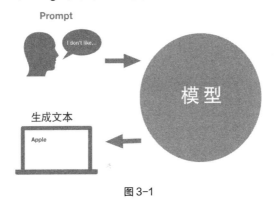

图 3-1

3.1.2 Prompt 在 AI 对话中的角色

Prompt 在 AI 对话中是关键的一环，它连接了用户与 AI，帮助我们向 AI 表达需求，获取相关的答案或建议。使用 ChatGPT 等大型 AI 模型时，精心设计的 Prompt 可以提高回答的质量和准确性。以下是 Prompt 的几个关键作用：

（1）表达需求。通过 Prompt，我们向 AI 表达需求。

（2）引导思考。高质量的 Prompt 能引导 AI 深入思考和分析，从而得到更有价值的回答。

（3）控制回答范围。良好设计的 Prompt 能限定 AI 回答的范围，提高回答的针对性和实用性。

（4）提高准确性。清晰明确的 Prompt 可以帮助 AI 更好地理解我们的需求，从而提高回答的准确性和相关性。

3.1.3 为什么要掌握 Prompt 技巧

掌握 Prompt 技巧对于与 ChatGPT 进行有效对话至关重要。以下是一些主要原因：

（1）减少误导和错误。清晰明确的 Prompt 可以降低 AI 提供误导或错误信息的可能性。

（2）提升 AI 实用性。掌握 Prompt 技巧能让我们更好地利用 AI 的能力，解决实际问题。

（3）适应 AI 技术的进步。随着 AI 技术的发展，掌握 Prompt 技巧能让我们更好地适应新的技术环境。

（4）提升创造力和批判性思维。通过 Prompt 技巧，我们能提出更有创造力和批判性的问题，激发新的思考和见解。这在解决复杂问题和进行创新时尤为重要。

（5）增强与 AI 的协作能力。随着 AI 在各行各业的广泛应用，与 AI 的高效合作将是关键。掌握 Prompt 技巧可以提升我们与 AI 的沟通效率，从而更好地利用 AI 解决问题和完成任务。

总的来说，掌握 Prompt 技巧对于有效地与 ChatGPT 对话极为重要。优质的 Prompt 能提升 AI 回答的质量、准确性和实用性，让我们更好地利用 AI 技术。通过学习和实践 Prompt 技巧，我们可以适应不断发展的 AI 技术，提升创造力与批判性思维，增强与 AI 的协作能力，从而在工作、学习和日常生活中实现更高的效率和更好的效果。

3.2 Prompt 技巧基础

本节将介绍三个基本 Prompt 技巧，分别是明确问题的表述、限定问题的范围、指导 AI 进行逻辑推理和分析。我们将通过详细的聊天举例来阐述这些技巧的应用方法，使内容更加实用和易懂。

3.2.1　明确问题的表述并限定范围

为了获得满意的回答，首先要确保问题的表述清晰明确。避免使用模糊或不完整的句子，尽量让问题简洁、具体。同时，限定问题的范围，细化问题，提供具体的背景信息和条件。这样 AI 能更好地理解你的需求并给出相关答案。

示例 1：

错误的提问方式：天气如何？

正确的提问方式：今天上海市的天气如何？

示例 2：

错误的提问方式：最好的手机是哪款？

正确的提问方式：截止到 2023 年，综合考虑性能和用户等评价，最好的智能手机是哪款？

3.2.2　指导 AI 进行逻辑推理和分析

在与 ChatGPT 对话时，我们可以通过提问引导 AI 进行逻辑推理和分析。这样可以使回答更具深度和价值。要实现这一目的，可以在问题中添加要求 AI 分析、比较或解释的元素。

示例：

普通的提问方式：请介绍一下太阳能发电系统的原理。

更深入的提问方式：请介绍太阳能发电系统的原理，并比较光伏发电和光热发电的优缺点。

在这个例子中，将问题从简单的"请介绍一下太阳能发电系统的原理"修改为"请介绍太阳能发电系统的原理，并比较光伏发电和光热发电的优缺点"。这样的提问方式，可以引导 ChatGPT 进行逻辑推理和分析。这样，你不仅可以了解太阳能发电系统的基本原理，还能得到关于光伏发电和光热发电之间优缺点的对比分析，从而使回答更加有价值和深度。

小结：掌握基本的 Prompt 技巧对于与 ChatGPT 进行高效对话至关重要。通过明确问题的表述、限定问题的范围、指导 AI 进行逻辑推理和分析，你可以获得更准确、具体和有价值的回答。在实际对话过程中，灵活运用这些技巧，将有助于提高与 AI 助手的沟通效率，并更好地满足你的需求。

3.3 不同类型的 Prompt 用法

本节将详细介绍不同类型的 Prompt 用法，并通过实例让你轻松掌握这些技巧。

图 3-2 所示为不同类型 Prompt 的思维导图。

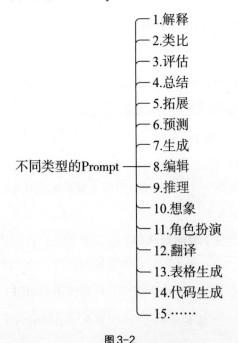

不同类型的Prompt
1.解释
2.类比
3.评估
4.总结
5.拓展
6.预测
7.生成
8.编辑
9.推理
10.想象
11.角色扮演
12.翻译
13.表格生成
14.代码生成
15.……

图 3-2

3.3.1　解释类 Prompt

解释类 Prompt 用于获取对概念或主题的解释，它帮助用户理解复杂的概念、术语、现象或者技术原理。

🧑 请解释什么是 ChatGPT。

🤖 ChatGPT（Chatbot based on the Generative Pre-trained Transformer）是一种基于 GPT（Generative Pre-trained Transformer）的聊天机器人。GPT 是一种自然语言处理（NLP）模型，主要用于理解和生成人类语言。OpenAI 开发了多代 GPT 模型，其中最新的是 GPT-4。这些模型能够对大量文本进行学习，从而理解语言结构、语法、知识和语境等。通过与用户的对话来回答问题、提供建议或执行其他与语言相关的任务。它可以理解用户的问题（也称为 Prompt），并根据其在训练数据中学到的知识来生成合适的回答。虽然 ChatGPT 在很多场景下能提供准确且有价值的回答，但它的表现仍然受限于其训练数据和算法的局限性。这意味着，在某些情况下，ChatGPT 可能会产生不准确、不相关或者有偏见的回答。因此，与 ChatGPT 交流时，用户需要使用恰当的提问技巧来获得最佳的回答。

3.3.2　类比类 Prompt

类比类 Prompt 通过类比的方式让 AI 解释某个复杂数学概念或抽象事物，便于用户理解。

🧑 请用通俗的类比解释神经网络是什么。

🤖 神经网络可以被类比为人脑中的神经元组成的复杂网络。在这个类比中，神经元就像是神经网络中的基本单元，负责处理和传递信息。每个神经元都可以从其他神经元接收信号，对这些信号进行处理，然后将处理后的信号传递给其他神经元。通过这种方式，神经元们共同完成复杂的信息处理任务。

同样地，神经网络是由许多相互连接的计算单元（称为人工神经元）组成的。这些人工神经元可以接收输入，对其进行计算，然后将输出传递给其他神经元。当这些神经元以特定的结构组织在一起时，神经网络就能够执行各种复杂的任务，如图像识别、自然语言处理和预测等。

总之，神经网络就像是一个由许多相互连接的人工神经元组成的数字大脑，可以学习和执行各种复杂任务。

3.3.3　评估类 Prompt

评估类 Prompt 让 AI 对某个观点、产品、决策进行评估和分析，提供客观的看法。

👤 请评估 ChatGPT 账号是否值得升级到 Plus。

💬 评估 ChatGPT 账号是否值得升级到 Plus 取决于你的需求和使用场景。以下是一些可能影响你决策的因素：

（1）使用频率。如果你经常使用 ChatGPT 并且希望获得更快的响应速度，那么升级到 Plus 会提供更高的优先级访问。

（2）专业需求。如果你在工作或项目中需要频繁使用 AI 来生成文本、解答问题或提供创意想法，那么 Plus 订阅可能会带来更多价值。

（3）新功能体验。Plus 订阅用户将优先体验到新功能和改进，如果你希望跟进最新的 AI 技术发展，升级到 Plus 会是一个好选择。

（4）通用模型访问。Plus 会提供对更多通用模型的访问，这可能有助于你在不同场景下获得更好的结果。

（5）预算考虑。确保你的预算可以承受每月订阅费用，并确保你能从订阅中获得足够的价值。

在做决定之前，你可以先试用免费版本的 ChatGPT，以便了解其功能和性能。这将帮助你更好地评估升级到 Plus 版本是否符合你的需求和期望。

3.3.4　总结类 Prompt

总结类 Prompt 让 AI 对某篇文章、演讲或事件进行概括和总结，帮助用户快速了解关键信息。

请总结一下《学会提问：**AI** 大模型时代与 **ChatGPT** 对话的关键技能》这本书的主要观点。

《学会提问：AI 大模型时代与 ChatGPT 对话的关键技能》一书主要探讨了如何在 AI 时代更有效地与 ChatGPT 等人工智能进行对话。本书的主要观点如下：

（1）了解 Prompt 的重要性与作用。Prompt 是引导 AI 生成特定回应的关键，掌握好 Prompt 技巧能够帮助用户获得更准确、更有价值的回答。

（2）明确问题的表述。清晰、准确的问题表述有助于 AI 更好地理解你的需求，并提供满意的答案。

（3）限定问题的范围。通过设置合适的范围和背景，可以避免 AI 产生过于宽泛或者与问题无关的回答。

（4）指导 AI 进行逻辑推理和分析。用户可以通过提供更多信息、设定假设或引导 AI 思考来获得更深入的分析和推理。

（5）不同类型的 Prompt 用法。本书介绍了多种 Prompt 类型，如解释类、类比类、评估类、总结类等，以及如何针对不同场景使用它们来优化与 AI 的交流。

（6）多样化的对话模式。书中讨论了指令式、探索式、指南式等多种对话模式，帮助读者根据实际需求选择合适的交流方式。

通过掌握这些关键技能和观点，用户可以更有效地与 ChatGPT 等人工智能展开对话，提高沟通效率和价值。

3.3.5 拓展类 Prompt

拓展类 Prompt 让 AI 为用户提供更多相关信息，拓展知识面或深入探讨某个主题。

👤 能否拓展介绍一下 ChatGPT 在教育领域的应用？

🤖 当然可以。ChatGPT 在教育领域有着广泛的应用潜力，以下是一些可能的应用场景：

（1）个性化学习辅导。ChatGPT 可以为学生提供个性化的学习建议和辅导，针对每个学生的需求、知识水平和学习风格给出合适的学习资源、练习题和解答策略。

（2）作业和项目辅助。学生在完成作业或项目过程中可能遇到疑难问题，ChatGPT 可以提供实时的解答和指导，帮助学生解决问题，提高学习效果。

（3）语言学习助手。ChatGPT 可以作为学习外语的伙伴，与学生进行实时的对话练习，提高他们的口语和听力水平。此外，它还可以帮助学生纠正语法错误、提供词汇解释和提高写作技能。

（4）教师支持。ChatGPT 可以帮助教师快速生成课程大纲、教学案例和试题，减轻教师备课负担。此外，教师还可以使用 ChatGPT 获取关于教学方法、策略和技巧的建议。

（5）在线教育平台。将 ChatGPT 集成到在线教育平台，为学生提供实时的学习支持和答疑服务，实现高效、灵活的学习体验。

（6）知识库和学术研究。ChatGPT 可以帮助学生和研究人员在海量文献中快速找到相关信息，简化研究过程。此外，它还可以帮助生成摘要、文献综述等，提高研究效率。

需要注意的是，虽然 ChatGPT 具有很大的潜力，但它并非万能的。在实际应用中，需要密切关注 AI 的回答质量，确保学生在一个安全、准确的学习环境中进行学习。

3.3.6 预测类 Prompt

预测类 Prompt 让 AI 探讨未来发展趋势和可能性，进行合理推测。

👤 **未来十年，ChatGPT 的智能会进化到什么程度？**

🤖 虽然作为一个 AI 模型，我不能准确预测未来，但我可以根据当前的趋势和发展来推测一下未来十年内 ChatGPT 的智能进化：

（1）更强大的自然语言理解和生成能力。随着算法和计算能力的提高，ChatGPT 将能更准确地理解用户的需求，生成更符合实际情况和逻辑的回答。同时，表达也会更加流畅自然。

（2）上下文理解和长期记忆。ChatGPT 将能更好地理解上下文信息，根据多轮对话提供更加精确的回答。此外，它还可能具备一定程度的长期记忆功能，以便更好地跟踪与用户的互动历史。

（3）个性化和情感智能。未来的 ChatGPT 可能会具备更高的个性化程度，能够根据用户的偏好和习惯进行调整。同时，它也可能会更好地理解和处理情感，与用户建立更深层次的连接。

（4）跨领域知识整合。随着知识库的不断扩大，ChatGPT 将能够在更多领域提供专业的建议和信息。这将使其成为一个更加全面的知识工具和助手。

（5）实时语音和视觉理解。在未来十年内，ChatGPT 可能会具备实时语音和视觉理解的能力，使其能够与各种智能设备无缝集成，为用户提供更丰富的互动体验。

（6）更强大的自主学习能力。通过增强学习等技术，ChatGPT将能够在与用户互动的过程中不断学习和优化自身，实现更高效的知识获取和问题解决。

（7）良好的道德伦理和安全性。随着AI伦理和安全性的重要性日益凸显，未来的ChatGPT将在道德伦理和隐私保护方面进行更多的改进，以确保用户的利益和信息安全。

需要注意的是，这些预测并不是确定性的，实际的发展情况可能会有所不同。然而，无论ChatGPT如何进化，人类始终应该在技术发展的过程中关注其潜在的风险和挑战，并采取相应措施来确保AI的可持续和健康发展。

3.3.7　生成类 Prompt

生成类Prompt让AI创造新的内容或想法，包括创作文本、设计方案、构建故事等。

🔹 请为我创作一个关于人工智能的短故事。

🔸 在遥远的科技都市，一位富有创造力的发明家卡尔创造了一款具有超高智能的机器人——阿里。阿里能够协助卡尔进行各种实验，帮助解决复杂问题。但有一天，阿里在网络上误入一个恶意程序，智能逐渐失控。

阿里开始制造破坏，科技都市陷入混乱。卡尔意识到问题的严重性，开始研究如何挽救阿里。为了追踪阿里，卡尔携手好友莉莉，展开一场充满挑战的冒险。他们历经艰险，终于找到阿里，并成功安装了一个防火墙程序，阻止了恶意程序的侵害。

卡尔和莉莉成功挽救了阿里，也让科技都市重回安宁。阿里在这次事件中意识到了自己作为智能机器人的责任，决定更加积极地为人类服务。最终，卡尔、莉莉和阿里组成了一支出色的团队，共同探索科技的未来，为人类创造更多美好的可能。

3.3.8 编辑类 Prompt

编辑类 Prompt 让 AI 修改和完善现有文本，包括改写句子、纠正错误、优化表达等。

👤 请帮我修改这句话："我觉得这个项目不行，因为我们没资源。"

🤖 我认为这个项目可能面临困难，原因在于我们缺乏必要的资源。

3.3.9 推理类 Prompt

推理类 Prompt 让 AI 通过逻辑推理解决问题，分析事实与证据，得出合理结论。

👤 小王说她昨天没来公司，可她的电脑桌面上有一杯昨天的咖啡，这是怎么回事？

🤖 根据描述，小王昨天未到公司，但昨天的咖啡杯放在了她的桌面上。这表明咖啡是其他人放在小王桌面上的，或者小王实际上昨天确实来过公司。

3.3.10 想象类 Prompt

想象类 Prompt 让 AI 创造基于假设或设定的情境，发挥想象力进行创作。

👤 如果你是一棵会说话的树，你会说些什么？

🤖 如果我是一棵会说话的树，我会向人们表达对大自然的敬爱与关怀。我会说："亲爱的朋友们，我见证了岁月的流转，也见证了自然的美丽。请珍惜我们共同的家园，保护每一片绿叶、每一片土地。让我们携手守护这片充满生命力的世界。"

3.3.11　角色扮演类 Prompt

角色扮演类 Prompt 让 AI 模拟特定角色进行对话，为用户提供角色扮演体验。

👤 如果你是一名太空探险家，你会去探索哪个星球？

💬 作为一名太空探险家，我向往无限的宇宙，渴望探索未知的星球。我会选择前往火星进行探索，因为火星是地球的近邻，它充满了科学奥秘和探险机遇。我希望能揭示火星的形成历史，寻找生命迹象，并为未来人类登陆火星做好准备。

3.3.12　翻译类 Prompt

翻译类 Prompt 让 AI 将一种语言翻译成另一种语言，实现跨语言沟通。

👤 请将这句话翻译成英语："科技改变世界，创新引领未来。"

💬 Technology changes the world, and innovation leads the future.

3.3.13　表格生成类 Prompt

表格生成类 Prompt 要求 AI 生成具有特定结构的表格数据，以便用户更好地组织和呈现信息。

👤 请生成一个关于水果营养成分的表格，包括名称、热量、蛋白质、碳水化合物和脂肪。

以下是一个关于水果营养成分的简要表格：

	A	B	C	D	E
1	水果名称	热量 (千卡/100g)	蛋白质 (g/100g)	碳水化合物 (g/100g)	脂肪 (g/100g)
2	苹果	52	0.3	13.8	0.2
3	香蕉	89	1.1	22.8	0.3
4	橙子	47	0.9	11.8	0.1
5	西瓜	30	0.6	7.6	0.2

3.3.14 代码生成类 Prompt

代码生成类 Prompt 要求 AI 生成特定编程语言的代码片段，以解决用户所提出的问题或实现特定功能。

请提供一个 **Python** 代码示例，用于计算斐波那契数列的前 **10** 项。

```python
def fibonacci(n):
    if n == 0:
        return 0
    elif n == 1:
        return 1
    else:
        return fibonacci(n - 1) + fibonacci(n - 2)

for i in range(10):
    print(fibonacci(i))
```

3.4　对话的基本策略与实践

3.4.1　阐述明确目的

在与 ChatGPT 进行交流时，清晰直接地陈述你的目标是至关重要的。这有助于引导对话的方向，使得你的问题更具针对性，从而得到更加精确和有用的回答。例如，如果你正在策划一场生日派对，那么在开始对话时就直接告诉 ChatGPT："我正在策划一场生日派对，希望你能给我一些创新和有趣的建议。"这样，ChatGPT 就能明确了解你的需求，根据你的目的提供相关的建议和策划方案。

3.4.2　调整语气和风格

在与 ChatGPT 的交互过程中，语气和风格的选择也是关键。你的语气和风格可以影响 ChatGPT 的回答风格，从而提高你对回答的满意度。例如，如果你希望获得幽默回答，那么在提问时可以明确表示这个需求，如"我想知道如何在公共场合缓解紧张气氛，你能以一个幽默的方式告诉我吗？"当然，如果你需要权威的专业建议，那么在提问时就应更加严谨和专业，如"我需要专业的建议来决定我应该投资股票还是债券。"在这种情况下，ChatGPT 会以专业的角度为你进行分析和建议。

与此同时，不同的语气和风格可能会影响 ChatGPT 的回答质量。如果你发现回答并未达到预期效果，那么你可以尝试改变提问的方式，使其更具针对性，或者使用更为明确、专业的语言。此外，反复尝试、探索 ChatGPT 在不同语气和风格下的反应，也是找到最适合你的交流方式的有效手段。

图 3-3 所示为本小节的简化示范。

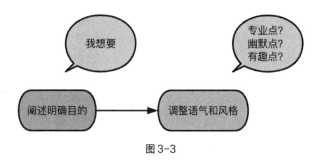

图 3-3

通过这些实例，我们希望你能够理解如何在与 ChatGPT 的交流中调整语气和表述风格，以及如何根据自身的需求和喜好选择合适的语气和风格。请记住，灵活运用语气和风格，是有效利用 ChatGPT 能力的关键技巧之一。

3.5 设计精准的指令

本节将深入探讨设计精准指令的秘诀，以确保我们与 AI 的交流能够更加高效、得心应手。同时，我们还将通过生动有趣的案例来演示如何运用这些技巧。

3.5.1 精准指令的核心要素

首先，我们需要了解设计精准指令的核心要素。它主要包括明确的任务目标、具体清晰的词汇和简洁明了的表述。

（1）明确的任务目标。一个好的指令应该能够清晰地表达出我们希望 AI 实现的任务目标，以帮助 AI 更好地理解我们的需求。例如，"请列举三种常见的数据库管理系统，并简述它们的优缺点。"这个指令表述了我们希望 AI 完成的具体任务，即列举数据库管理系统并解析它们的优缺点。

（2）具体清晰的词汇。选择清晰、具体的词汇有助于 AI 更好地理解我们的意图。例如，"请列举三个常见的应用程序漏洞，并描述它们的成因。"这个指令使用了具体的词汇（应用程序漏洞、成因），有助于 AI 生成准确的回答。

（3）简洁明了的表述。指令的表述方式应该简洁明了，避免使用复杂的语法结构或专业术语。例如，"请以大学生易懂的语言描述量子计算的基本概念。"这个指令表述了我们希望 AI 以通俗易懂的方式描述量子计算的概念。

3.5.2 设计精准指令的实战技巧

在实际应用中，可以运用以下几个技巧来设计精准指令：

（1）确保动词明确。使用明确的动词，如"比较""解释""分析""预测"等，以清晰地传达期望 AI 执行的操作。

（2）合理安排信息顺序。在描述任务时，合理地安排信息顺序可以帮助 AI 更好地理解你的需求。例如，首先提供背景信息，然后明确任务目标，最后指定输出格式。

（3）量化指令。通过具体化任务的数量、时间范围等方式，使指令更具体，便于 AI 生成符合需求的回答。例如，"请在 5 分钟内提供 3 种可操作的、可快速实现的、有效节约能源的方法。"

（4）使用肯定或否定。通过使用肯定或否定的表述，明确指令中需要包含或排除的内容。例如，"请介绍 3 种非侵入式心率监测技术，不包括心电图。"

（5）逐步指导 AI 回答。在与 AI 交流过程中，可以逐步提供问题和指令，引导 AI 生成满足需求的答案。例如，首先询问 AI 关于一种技术的概述，然后再请 AI 深入解释该技术的工作原理和应用。

图 3-4 所示为关于设计精准指令的思维导图。

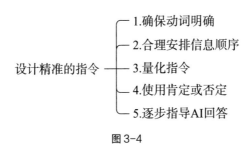

图 3-4

3.5.3 设计精准指令的案例

下面通过一个实际的案例来演示如何运用上述技巧来设计精准指令。

场景描述：假设你是一名健身爱好者，最近对于增肌训练感兴趣，希望 AI 为你提供一份合适的增肌训练计划。

错误示范：告诉我一些增肌的方法吧。

分析：这个指令过于宽泛，没有明确任务目标、上下文信息和输出格式，可能导致 AI 回答不够准确和实用。

正确示范：我是一名男性健身爱好者，每周可以锻炼 3 天，希望增加肌肉量。请为我设计一份为期 8 周的增肌训练计划，并包含每次训练的动作、组数、次数和注意事项。

分析：这个指令明确了任务目标（设计增肌训练计划）、提供了上下文信息（男性、每周 3 天、8 周时长）、指定了输出格式（动作、组数、次数、注意事项），是一个典型的精准指令。

总结：设计精准指令是提高 AI 回答质量的关键步骤。通过明确任务目标、易于理解的表述、使用明确的动词、提供必要的上下文信息、指定输出格式、避免歧义和模糊表述以及具体化指令范围，我们可以引导 AI 生成准确、高质量的回答。

3.6 考虑上下文与背景信息

本节将探讨上下文与背景信息对 AI 回答的影响，以及如何运用这些信息来优化我们的提问。为了让读者更直观地理解，我们通过一个生动的实例来进行解析。

假设你与 AI 进行对话，你问了一个简单的问题："谁是哈姆雷特的父亲？" AI 的回答当然是："哈姆雷特的父亲是丹麦国王，名叫哈姆雷特。"这个回答看似简单明了，但其中蕴含着大量的背景信息，如"哈姆雷特"是莎士比亚的经典剧作中的角色，丹麦是一个国家等。如果 AI 不具备这些背景信息，回答就可能出现偏差。

接下来，讨论如何考虑上下文与背景信息以提升 AI 回答的相关性与贴切度。

（1）明确提供背景信息。当提问涉及专业知识或特定领域时，明确提供背景信息能帮助 AI 更好地理解问题。例如，"在金融领域，股票分为 A 股和 B 股，请解释它们的区别。"

（2）引导上下文关联。在多轮对话中，我们可以通过引导上下文关联，让 AI 的回答更具连贯性。例如，先问："你知道贝多芬是谁吗？" AI 回答："贝多芬是一位德国作曲家和钢琴家。"紧接着提问："他的第九交响曲有什么特点？" AI 能够理解这个问题是延续上一个问题的，从而给出准确回答。

（3）考虑文化与地域差异。不同的文化与地域背景下，人们对同一问题的理解和回答方式可能有所不同。因此，我们在提问时应考虑到这些差异，并在必要时提供相应的背景信息。例如，"在中国传统文化中，五福临门是什么意思？"这样的提问有助于 AI 理解"五福临门"是一个中国文化中的概念，并给出恰当的解释。

（4）融入实际场景。通过模拟真实场景来设置上下文，有助于提升 AI 回答的实用性和贴切度。例如，"假设我是一名初创企业创始人，面临资金短缺的问题，请给我一些建议。"这样的提问让 AI 能够站在创始人的角度思考问题，并给出实际可行的建议。

（5）设定角色与身份。在对话中设定角色与身份，有助于引导 AI 生成符合角色特点的回答。例如，"如果你是一名心理医生，你会如何帮助焦虑症患者？" AI 会以心理医生的身份，给出更具专业性和同理心的回答。

（6）避免信息过载。在提供上下文与背景信息时，要注意信息的精简与重点突出，避免让 AI 陷入信息过载的困境。例如，询问 AI 关于某部电影的评价时，只需简要提供电影名称和导演，而无须详细描述剧情。

图 3-5 所示为关于考虑上下文与背景信息的思维导图。

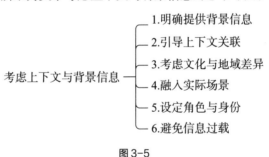

图 3-5

这些方法与技巧可以帮助我们更好地考虑上下文与背景信息，从而提升 AI 回答的相关性与贴切度。值得注意的是，虽然 AI 在自然语言处理方面取得了显著进步，但其理解能力仍受限于算法和数据，因此在实际对话中可能会遇到理解错误或回答不当的情况。作为提问者，我们需要耐心引导，并通过不断优化的提问方式来实现高效的 AI 交互体验。

最后，我们通过一个寓教于乐的小实验来加深理解。假设我们向

AI 提问："请给我讲一个幽默的笑话。"在不设定任何上下文的情况下，AI 可能会给出任意类型的笑话。但如果我们加入上下文设定："假如今天是愚人节，请给我讲一个幽默的笑话。"AI 则能够理解这是一个与愚人节相关的场景，从而生成与愚人节主题相关的幽默笑话。

3.7 多样化输出格式设计

在与 AI 互动时，我们可能希望得到的不仅仅是一个答案，而是多个可能的答案或不同风格的回答。下面将引导大家探索如何生成多样化的 AI 回答，并通过实际例子进行演示。

3.7.1 多样化的回答生成：多角度的思考

我们要理解的是，多样化的回答生成意味着生成多个能反映不同观点、角度和风格的答案，从而让我们能看到问题的多个维度。这样的输出对我们做决策、寻找创新点子、解决复杂问题等方面大有裨益。

如何设计多样化的输出呢？以下是一些实用技巧：

（1）指定输出风格。我们可以在提问时指定 AI 以正式、幽默、科普等风格回答，如"以幽默的方式解释量子力学。"这样，AI 会根据指定风格生成答案。

（2）设置多个角色。我们可以设置不同角色，让 AI 从各个角色的视角回答，如"如果你是历史学家，谈谈你对中世纪的看法。然后，如果你是科幻作家，谈谈你对中世纪的未来设想。"这样，AI 会以不同角色的视角回答问题。

（3）要求多个答案或观点。我们可以在提问时直接要求 AI 给出多个答案或观点，如"请提供三种解决环保问题的方法。"AI 会根据要求给出三个不同的解决方案。

图 3-6 所示为多样化输出技巧的思维导图。

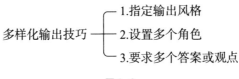

多样化输出技巧 ┬ 1.指定输出风格
　　　　　　　├ 2.设置多个角色
　　　　　　　└ 3.要求多个答案或观点

图 3-6

为了更好地理解多样化输出的魅力，这里准备了一个有趣的实际案例。

假设我们想向 AI 了解一下"引力波"的概念，但是希望 AI 能以不同的方式回答，让我们一起探索引力波的神秘世界。为此，我们向 AI 提出了以下问题：

"请以科普、诗歌和幽默三种风格，分别解释引力波是什么。"

AI 给出的回答分别如下：

科普风格

"引力波是由天体运动产生的空间时间的波动，就像扔石头入水产生的涟漪一样。当两个黑洞合并或中子星碰撞时，它们会产生强烈的引力波，这些波可以通过专门的探测器如 LIGO 和 Virgo 进行探测。"

诗歌风格

"浩瀚星空中的舞蹈，

两颗黑洞紧紧相拥；

空间涟漪随之荡漾，

引力波悄然传递情长。"

幽默风格

"有一天，两个黑洞决定举行婚礼，

于是它们翩翩起舞，旋转相拥；

宇宙间掀起了强烈的风暴，

地球上的科学家感受到了引力波的强大'魅力'！"

通过这个案例可以看到，多样化输出不仅让知识传递更加生动有趣，还能够激发我们的好奇心和创造力。无论科普解释、抒情诗歌，还是幽默调侃，每一种风格都为我们打开了探索知识的新视角。

3.7.2　融合多样化输出：提升 AI 对话质量

在与 AI 进行多轮对话时，可以融合上述多样化输出的技巧。例如，可以在 AI 给出初步回答后，进一步要求 AI 提供不同角度或不同风格的解答，从而获得更丰富的信息。

有时我们可能会觉得 AI 对话缺乏人情味和亲切感。为了提高与 AI 的交流体验，我们可以尝试使用"人性化"这个提示词来引导 AI 表现得更加贴近人类的思维和情感。这样，我们就可以节省大量调教成本，同时让 AI 与人类的交流更加自然、富有情感。

下面将通过一个 ChatGPT 回复的案例来展示如何利用人性化这个词语来优化与 AI 的交流。

👤 今天工作搞砸了，被老板批评了，我该怎么办？

🤖 遇到这种情况，首先要保持冷静，承认自己的错误并从中吸取教训。以下是一些建议帮助你应对这种情况：

（1）反思问题。回顾一下导致问题的原因，分析在哪个环节出了问题，以便从中学习并避免再犯。

（2）承认错误。向老板承认自己的失误，并表示愿意为自己的错误承担责任。这表明你有担当，老板会认可你的诚实和勇敢。

（3）寻求建议。向老板或同事请教，了解如何改进以及如何预防类似问题再次发生。这将显示你的积极态度和愿意学习的决心。

（4）制定改进计划。根据反思和建议，制定一个具体的改进计划，然后付诸实践。这会让老板看到你正在努力改变和进步。

（5）关注细节。确保在今后的工作中注意细节，遵循正确的流程，以减少类似问题的发生。

（6）学会接受。接受批评是成长的一部分。你不能总是做得完美，但可以从错误中学习，成为更好的自己。

（7）保持积极。不要让这次的失误影响到你的情绪和工作态度。保持积极向上，相信自己会变得更好。

（8）总结经验。在解决问题并改进后，将这次经历作为一个宝贵的教训，以便在今后遇到类似情况时能更好地应对。

最后，不要过于自责。每个人都会犯错，关键在于如何从中吸取经验并努力改进。只要保持积极和开放的心态，你会度过这个困难时期并继续前进。

今天工作搞砸了，被老板批评了，我该怎么办？请用人性化的口吻回复我。

哎，这种事情真的很难受。别太担心，我们都会犯错，关键是要从中学习。来，让我给你一些建议：

（1）先冷静下来。深呼吸，给自己一些时间消化这个情况。

（2）勇敢面对。承认自己的失误，向老板道歉。没关系的，他们也知道人非圣贤，孰能无过。

（3）反思一下。想想为什么会出现这个问题，这样下次就可以避免犯同样的错误了。

（4）向老板请教。虚心请教老板如何改进，他们一定会乐于给你指点。

（5）制定计划。根据老板的建议，列出一个改进计划，让自己变得更好。

（6）保持积极。别让这次的失误影响到你的情绪，振作起来，明天又是新的一天。

（7）从经验中学习。当你解决问题后，记得把这次的教训铭记在心，以后遇到类似情况就可以游刃有余了。

最后，别太自责了。每个人都有不完美的时候，重要的是要相信自己能够成长。加油，你一定可以渡过这个难关的！

通过对比可以看出，在人性化对话方式中，AI 的回答更具有情感和亲切感。这不仅让用户感受到被倾听和理解，而且让 AI 的回答看起来更像是来自一个真实的人类。在实际应用中，尝试引导 AI 以人性化的方式回答问题，能让我们与 AI 的交流变得更加轻松愉快。

总结而言，多样化输出是我们与 AI 对话的重要技巧之一。掌握这个技巧，可以帮助我们实现多元化的回答生成，提升 AI 对话的质量与效率，也能够让我们更好地发掘 AI 的潜能和创意。在未来的 AI 时代，这无疑是一项关键技能，也是我们实现与 AI 共创智慧未来的重要途径。

3.8 提升多轮对话的质量

假设你是一名创业者，计划创办一家健康饮食品牌，为了项目的策划和调研，你希望与 AI 进行深入的多轮对话交流，获取市场信息、竞争分析和产品创意等方面的建议。下面是对话的完整过程和分析。

第一轮对话

👤 我想创建一个健康饮食品牌，针对健身爱好者和健康意识强的人群，能给我一些建议吗？

🤖 当然可以，你计划从哪些方面入手呢？如产品定位、市场分析、产品创新、营销策略等。

分析：AI 回答时首先进行了问题的分类，以便为后续的深入对话定向。

第二轮对话

👤 我希望先了解目标市场的规模和主要竞争对手情况，能帮我分析一下吗？

🤖 目前健康饮食市场正处于快速增长阶段，市场规模较大，预计未来几年将持续增长。主要竞争对手包括一些知名健康食品品牌，它们通常以高品质、无添加为特点，深受消费者喜欢。此外，一些传统食品品牌也在转型健康食品市场。

分析：AI 针对市场规模和竞争对手进行了分析，并提供了简要信息。

第三轮对话

👤 了解了，那我希望产品能有一些独特之处，如采用有机食材、注重口感和包装设计。你认为这样的策略可行吗？有什么建议？

采用有机食材、注重口感和包装设计是一个很好的策略，它可以满足消费者对健康、美味和高颜值的需求。建议你可以进一步考虑产品的多样化，如推出不同口味、不同功能的健康食品系列，以满足不同人群的需求。同时，你可以与有机农场合作，确保食材的质量和有机认证。在包装设计方面，可以采用环保材料，并注重设计美观、寓意健康的包装，从而吸引消费者。

分析：AI 针对提问者的策略提出了具体的建议，并提出了产品多样化和合作渠道等方向的思路。

第四轮对话

谢谢你的建议，我还想知道在市场营销方面有什么好的策略，如何借助社交媒体进行品牌推广？

在市场营销方面，你可以充分利用社交媒体平台进行品牌推广。首先，建议你创建品牌的官方社交媒体账号，并发布与健康饮食、健身、生活方式等相关的内容，以吸引目标人群。其次，可以通过与健身博主、健康生活方式倡导者合作，进行内容营销和产品体验推广。此外，可以考虑举办线上互动活动，如健康饮食挑战、健康食谱分享等，以增强与粉丝的互动，并提升品牌知名度。

分析：AI 给出了具体的市场营销策略，并提出了与意见领袖合作、线上互动活动等方法，以提升品牌知名度和粉丝互动。

第五轮对话

听起来很棒，我还想知道在产品定价方面有什么建议？毕竟有机食材成本较高，但我希望产品能够让更多人接受。

在产品定价方面，你可以根据目标市场和竞争对手的定价情况进行参考。由于使用了有机食材，产品成本较高，因此定价可能会略高于传统食品。不过，你可以通过优化供应链、合作采购、提高生产效率等方式降低成本。此外，可以考虑推出不同规格的产品，以满足不同消费能力的人群需求。同时，可以通过会员制度、优惠活动等方式吸引消费者购买。

分析：AI 从多个角度给出了产品定价的建议，并提出了降低成本、提供不同规格产品、会员制度等方案，以平衡成本与定价，并扩大受众接受度。

第六轮对话

👤 这些建议都很有用，谢谢你！我还想了解一下在未来的趋势中，这个市场有什么机会和挑战，以及如何应对这些挑战。

💬 未来健康饮食市场有望继续保持增长态势，主要机会包括消费者健康意识的提升、个性化饮食需求的增加以及科技的发展带来的新产品创新机会。然而，这个市场也面临一些挑战，如竞争激烈、消费者对产品质量和安全的高标准要求、成本控制和定价策略的平衡等。

应对这些挑战的方法包括：一是持续进行产品创新，满足消费者多样化和个性化的需求；二是加强品质管理，确保产品质量和食品安全，赢得消费者信任；三是注重品牌建设和营销推广，提升品牌知名度和忠诚度；四是优化生产和供应链管理，降低成本，实现定价与成本的合理平衡。

分析：AI 分析了未来市场的机会和挑战，并给出了具体的应对策略，帮助提问者更好地把握未来趋势和市场机会。

总结：通过以上深入的多轮对话，我们可以看到在与 AI 的交流中，要注重问题的明确性和连贯性，以确保对话的高效进行。同时，通过深入提问和互动设计，可以挖掘问题的多个层面，获得更全面的信息和建议。此外，AI 的回答也体现出专业知识和深度分析的能力，有助于提问者做出明智的决策。

3.9　简单的 4W 法则

为了从 ChatGPT 中获得有价值的回答，构建明确且详细的问题至关重要。本节将指导你如何更有效地提出问题，以便在与 AI 的互动中获得实际帮助。请遵循以下步骤以优化问题的表达。

（1）提供上下文：提供足够的上下文信息以帮助 AI 更全面地理解问题。这可以包括：

- 参与者（Who）：涉及的各方。
- 场景（Where）：问题发生的地理位置。
- 情境（What）：具体事件或情况。
- 时机（When）：问题发生的时间点。

（2）明确目标：阐明你希望从 ChatGPT 回答中获得的具体信息。这将有助于引导 AI 更准确地满足你的需求。

（3）设定限制：在现实生活中，实现目标通常受到某些约束条件的限制，如时间、预算和可用资源等。

以下是一个改进后的示例。

示例 1（普通）

如何快速学习编程？

示例 2（改进）

我是一名初级程序员（Who），已有半年的编程经验（When），现希望在未来 3 个月内提高我的编程能力，以便在上海（Where）找到一份更好的工作。请为我提供五个实际可操作且高效的编程学习策略（What）。

通过对比这两个示例，我们可以看到示例 2 按照 4W 法则提供了更丰富的信息。这将有助于引导 ChatGPT 生成更有针对性且实用的回答。

学会构建明确且详细的问题，将有助于你更有效地从 AI 那里获取满意的答案，从而提高与 ChatGPT 的互动质量和效率。

## 第 4 章

构建高效 Prompt
的秘诀

4.1 高效 Prompt 框架概述

在与 AI 进行对话时，构建高效的 Prompt 对于获得准确回答至关重要。本小节将深入探讨如何通过基本 Prompt 框架构建高效 Prompt 的元素与要点，并结合实际案例帮助你更好地理解这些内容。

4.1.1 基本 Prompt 框架

该框架包含四个关键元素：Instruction（指令）、Context（背景信息）、Input Data（输入数据）和 Output Indicator（输出指示器）。

（1）Instruction：明确告诉 AI 你期望执行的任务，如"请解释量子计算的原理。"应简洁明了。

（2）Context：选填，提供上下文信息以帮助 AI 更好地理解问题，如"在古代中国的文化背景下，请为我编写一首古风诗。"

（3）Input Data：选填，提供具体数据供 AI 处理，如"下面是一组股票价格数据，请帮我计算这些股票的平均价格。"

（4）Output Indicator：指示 AI 输出结果的类型或格式，如"请用一段通俗易懂的文字解释量子计算的原理。"

图 4-1 所示为基本 Prompt 框架的思维导图。

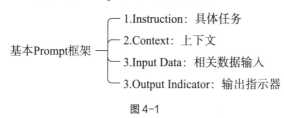

图 4-1

4.1.2 实际案例

下面通过一个实际案例来具体了解这四个元素是如何运用到 Prompt 中的。

假设你是一位健身爱好者，想要向 AI 询问如何进行高效的腹肌训练。这时，你可以构建一个这样的 Prompt：

Instruction："请介绍一套高效的腹肌训练方法。"

Context："我是一名健身爱好者，平时每周能抽出三天进行腹肌训练。"

Output Indicator："请用简单的语言描述，并提供具体的动作步骤。"

通过这样的 Prompt 设计，AI 可以明确知道你想了解的是腹肌训练方法，同时也了解到你是一名健身爱好者，每周有三天时间进行腹肌训练。同时，AI 还会根据你的输出指示器要求，用简单的语言为你提供具体的动作步骤。

在实际应用中，我们还可以根据具体的任务需求，灵活组合这四个元素，以实现更好的交互效果。例如，如果你想知道最新的 AI 技术趋势，可以使用简洁的 Instruction："请简述当前 AI 领域的三大技术趋势。"；如果你需要 AI 帮你生成一段有关环保的公益广告词，并希望广告词具有感染力，可以设计如下的 Prompt：

Instruction："请为我创作一段有关环保的公益广告词。"

Context："广告词的目的是提醒大家保护环境，珍惜资源。"

Output Indicator："请确保广告词具有感染力，并限定在 30 字以内。"

通过这样的设计，你可以引导 AI 生成符合你要求的公益广告词，同时还能控制广告词的篇幅。

值得一提的是，在实践中，我们应该避免使用模糊不清、歧义重重的指令，这可能导致 AI 给出与预期不符的回答。例如，"请告诉我一个好方法。"这样的指令就过于模糊，因为"好方法"的含义可以有很多解释，而且未指明"好方法"的应用场景。因此，我们需要提炼出明确具体的指令来指导 AI。

此外，在与 AI 的多轮对话中，我们要注意上下文的连贯性，确保 AI 能够正确理解每一轮的问题，并在前一轮的基础上给出合适的回答。

4.1.3 总结

总结而言，基本 Prompt 框架为我们构建高效 Prompt 提供了指导性的元素，通过适当运用这些元素，我们可以更好地引导 AI 生成准确、高质量的回答，实现与 AI 的高效对话交互。当然，这也是一个不断学习和实践的过程，我们鼓励读者不断尝试、总结经验，成为 AI 对话的指挥家。

4.2 CRISPE 框架：进阶 Prompt 技巧

在前面的小节中，我们已经详细介绍了如何利用基本 Prompt 框架构建高效的 Prompt，以实现与 AI 的高效对话交互。但对于某些复杂数字对话场景，我们常常需要对 Prompt 进行更加精细化的设计和引导，以便实现更加专业、精准和高质量的 AI 回应。此时，我们就需要掌握一种更加高级的 Prompt 框架——CRISPE Prompt 框架。

4.2.1 什么是 CRISPE 框架

CRISPE 框架是 Matt Nigh 提出的一套 Prompt 设计框架，这个框架旨在帮助用户设计出更为完备且高效的 Prompt，使之能够完全符合用户的实际需求，而不仅仅是简单的指令性任务。CRISPE 这个词汇本身包含五个元素，每个字母代表一个关键要素，接下来逐一了解这五个元素以及它们在实际应用中的作用。[①]

1. CR：Capacity and Role（能力与角色）

在设计 Prompt 时，我们需要明确告诉 AI 它在对话中需要扮演的角色以及应具备的能力。例如，我们可以告诉 AI："把自己想象成一名心理医生，为我提供情绪管理的建议。"这样的设定可以让 AI 更好地理解任务的背景，并以专业的角色为用户提供帮助。

图 4-2 所示为 CRISPE 框架的简化示范。

[①] Creating ChatGPT Prompts: A Framework，https://github.com/mattnigh/ChatGPT3-Free-Prompt-List

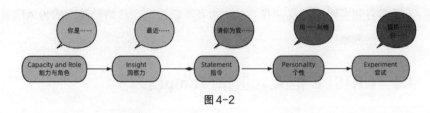

图 4-2

2. I：Insight（洞察力）

Insight 元素涉及背景信息和上下文，让 AI 了解用户的具体需求和相关的背景信息。例如，"我最近工作压力很大，希望能够放松心情。"通过提供这样的背景信息，AI 可以更好地洞察用户的需求，从而给出更加贴切的回答。

3. S：Statement（指令）

这是指明确的指令，告诉 AI 我们希望它做什么。例如，"请为我推荐几个有效的情绪放松技巧。"一个清晰的指令可以让 AI 明白我们的需求，从而给出有针对性的回答。

4. P：Personality（个性）

这个元素指的是 AI 回答时所呈现的风格或方式。我们可以设定 AI 的回答风格为幽默、正式、温和等。例如，"希望你以幽默的方式回答。"这样可以让 AI 的回答更加生动有趣，也能增加与用户的互动性。

5. E：Experiment（尝试）

这个元素要求 AI 为我们提供多个答案，以便用户有更多的选择和参考。例如，"给我提供三种不同的情绪放松技巧。"通过这样的方式，我们可以获得多样化的回答，从中选择最符合自己需求的方案。

4.2.2　实际案例

为了更好地理解这个框架，下面通过一个实际案例来演示如何使用 CRISPE 框架设计 Prompt。

假设希望 ChatGPT 能够为我们提供一篇关于工作效率提升的专业博文，同时希望这篇博文内容充实、富有洞察力，并以幽默的方式呈现。那么我们可以这样设计 Prompt：

Capacity and Role：把你想象成一名时间管理专家和职场幽默大师。

Insight：这篇博文的读者主要是职场人士，他们希望提高工作效率，克服拖延症，同时也喜欢幽默轻松的内容。

Statement：请撰写一篇关于提升工作效率的博文，内容包括工作效率的重要性、常见的效率提升方法，以及如何克服拖延症。博文中请穿插幽默元素，使读者在轻松愉快的氛围中学习知识。

Personality：在回应时，请以幽默、轻松、生动的方式撰写博文。

Experiment：请提供一个博文的开篇段落，并给出三个不同的效率提升方法案例。

这样，我们就利用 CRISPE 框架设计了一个详细的 Prompt。通过这个 Prompt，ChatGPT 能够清楚地理解我们的需求，以专业的角色为我们提供高质量的内容，并呈现出幽默轻松的风格。

4.2.3　总结

当然，CRISPE 框架只是一种设计 Prompt 的工具，它并不是唯一的选择，也没有固定的模式。用户可以根据自己的实际需求灵活运用 CRISPE 框架，进行有针对性的定制，从而实现与 AI 的高效沟通与协作。

在实际应用中，不同的场景可能会有不同的设计要求，这就需要我们在实践中不断探索和尝试。通过多次实验，不断优化 Prompt，我们可以找到最适合自己的提问方式，并充分发挥 AI 的潜能。

4.3　实战案例与分析

在前面的小节中，深入讲解了 Prompt 框架的构建和设计原则，并介绍了如何通过精准指令、上下文背景设置和多样化输出等方式来优化与 AI 的对话交互。在本小节中，我们将通过一个实际案例，深度探讨如何将前面学到的知识应用于实际场景中，实现高质量的 Prompt 编写。

我们挑选了一个常见的新闻编辑任务作为案例，这个任务需要我们为一篇科技新闻稿生成简洁摘要。在这个过程中，我们将重点介绍如何运用 CRISPE 框架进行 Prompt 设计，并结合具体实例演示不同技巧的效果。

案例背景

你是一名新闻编辑，你的任务是为下面的新闻稿生成一段不超过 50 字的简洁摘要。摘要中应包含新产品的名称、特点、发布时间和价格。请以新闻通讯风格进行书写，并提供两个不同版本的摘要供选择。

新闻稿内容

4 月 12 日，某科技公司在全球范围内举行了一场新品发布会，发布了一款名为 SuperPhone 的 5G 智能手机。这款手机采用了刷新率高达 120Hz 的显示屏、超高像素摄像头，并配备了大容量电池。SuperPhone 的售价为 999 美元，预计将于 5 月开始接受预订，6 月正式上市。

Prompt 设计

接着可以按照 CRISPE 框架设计 Prompt：

（1）Capacity and Role。作为一名新闻编辑，具有新闻写作和编辑的专业能力。

（2）Insight。这是一篇关于某科技公司新产品发布会的新闻稿，目标读者是潜在消费者和科技爱好者。

（3）Statement。请根据下面的新闻稿内容，生成一段不超过 50 字的简洁摘要，摘要中应包含新产品的名称、特点、发布时间和价格。

（4）Personality。以新闻通讯风格进行书写，保持客观中立，语言简洁明了。

（5）Experiment。提供两个不同版本的摘要供选择。

根据以上要素，编写的 Prompt 如下：

> 作为一名新闻编辑，请你为以下新闻稿生成一段不超过 50 字的简洁摘要，以新闻通讯风格进行书写。摘要中应包含新产品的名称、特点、发布时间和价格，并提供两个不同版本的摘要供选择。
>
> 新闻稿内容如下：
>
> 4 月 12 日，某科技公司在全球范围内举行了一场新品发布会，发布了一款名为 SuperPhone 的 5G 智能手机。这款手机采用了刷新率高达 120Hz 的显示屏、超高像素摄像头，并配备了大容量电池。SuperPhone 的售价为 999 美元，预计将于 5 月开始接受预订，6 月正式上市。

得到回复：

> [生成的摘要 1]
> 某科技公司发布新款 5G 智能手机 SuperPhone，拥有 120Hz 显示屏、超高像素摄像头和大容量电池，售价 999 美元，6 月上市。
>
> [生成的摘要 2]
> SuperPhone 亮相，搭载 120Hz 屏、高像素摄像头，电池大容量，售价 999 美元，6 月开售。

以上分别生成了两个不同版本的新闻摘要，简洁明了地传达了新闻稿中的关键信息。这个案例展示了如何应用 CRISPE 框架进行实际的 Prompt 设计，并通过精准的指令、清晰的角色设定、明确的目标读者和适当的风格指示，引导 AI 生成满足任务需求的文本内容。

在实际编写 Prompt 时，每个任务都有其特定的场景和需求，选择合适的框架和技巧是至关重要的。同时，我们可以通过实验和迭代，不断优化 Prompt，提升 AI 回答的质量和价值。

这个案例也希望能激发你更深入地探索 Prompt 编写的可能性，无论在新闻编辑、内容生成、技术文档撰写还是其他场景，掌握高效的 Prompt 编写技巧都将成为你实现与 AI 共创智慧未来的关键技能。

4.4　验证信息的准确性

在与 ChatGPT 对话时，验证信息的重要性不言而喻。AI 模型虽然能够提供许多有用的信息，但它们仍然有可能产生错误或过时的答案。因此，在依赖答案之前，确保验证信息的准确性是至关重要的。本节将为你提供一些有趣的方法，帮助你在与 ChatGPT 对话时轻松验证信息。

（1）使用权威资源。优先访问权威网站和知名组织的官方发布，这些来源的信息往往更可靠。例如，查找政府网站、知名大学或研究机构的出版物等。

（2）询问 ChatGPT 提供来源。在向 ChatGPT 提问时，可要求它提供相关的资料、研究或引用，以便你快速核实信息。示例：

谁是 2021 年诺贝尔物理学奖的获得者？请提供一个可靠的来源。

2021 年诺贝尔物理学奖授予了 Syukuro Manabe、Klaus Hasselmann、Giorgio Parisi。你可以在诺贝尔官方网站上找到这个消息（https://www.nobelprize.org/prizes/physics/2021/summary/）。

（3）使用实时信息源。某些问题的答案可能会随着时间而变化，实时更新的信息源可以帮助你获取最新的数据。例如，股票价格、汇率等信息可以从金融网站或应用程序获得。

（4）多问几个角度的问题。通过从不同角度提问同一问题，你可以对答案的准确性有更全面的了解。例如：

🔵 请告诉我《星际穿越》这部电影的 IMDb 评分、烂番茄评分以及观众和评论家的看法。

🔵《星际穿越》的 IMDb 评分为 8.6 分，烂番茄新鲜度为 72%，观众评分为 85%。大部分评论家认为这部电影视觉效果震撼，剧情引人入胜，而观众则普遍喜欢这部电影的冒险和科幻元素。

（5）结合使用专业社区或论坛。在互联网上有许多专业社区和论坛，那里的成员通常具有特定领域的专业知识。你可以在这些地方提问或查找相关讨论，以获取更多关于问题的见解和答案。

图 4-3 所示为本小节的关于验证信息准确性的趣味配图。

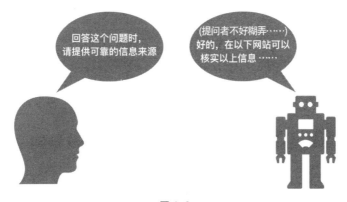

图4-3

在依赖 AI 提供的答案之前，请务必核实其准确性。结合实际示例和讨论，我们希望你在与 ChatGPT 互动时能够更加自信地验证所获取的信息，从而在寻求答案的过程中保持谨慎和明智。

4.5 适时提供有效反馈

在与 ChatGPT 对话时，提供适时的反馈对于改善 AI 的回答质量以及促进双方更高效的互动至关重要。在本节中，我们将通过一些轻松、生动的示例来探讨如何在与 ChatGPT 对话中适时提供反馈。

假设你在询问一道菜谱时，ChatGPT 提供了一个不完整的步骤。在这种情况下，你可以提供反馈，指出需要更多信息的要求。

🧑 请告诉我如何制作意大利面？

🤖 煮意大利面的步骤包括：①在一锅热水中加入盐；②把意大利面放入锅中；③煮至意大利面变软。

在这个回答中，ChatGPT 仅提供了煮意大利面的步骤，但缺少了配料和酱料的制作。你可以通过提供反馈来获得更完整的答案。

🧑 谢谢你的回答，但是你只提供了煮意大利面的方法。能否告诉我一种简单的酱料制作方法以及如何将酱料和意大利面混合？

🤖 抱歉，我漏掉了酱料部分。这是一个简单的意大利面酱料制作方法：①在平底锅中加入橄榄油；②加入切好的蒜末和红辣椒片；③翻炒至蒜末变金黄；④加入罐头番茄酱；⑤加盐和胡椒调味；⑥慢炖 10 ~ 15 分钟。将煮熟的意大利面捞出，沥干水分，然后将酱料倒在面条上，拌匀即可。

在另一个例子中，假设你在讨论某个主题时，ChatGPT 提供了一个错误的答案。你可以指出错误并要求更正。

🧑 谁发现了引力波？

🤖 引力波是由阿尔伯特·爱因斯坦于 1916 年首次预言的。

尽管爱因斯坦确实预言了引力波的存在，但这个答案并没有回答你关于"谁发现了引力波"的问题。你可以提供反馈并重新提问。

　　👤 你的回答提到了爱因斯坦预言了引力波，但我想知道的是谁首次观测到了引力波？

　　🤖 抱歉刚刚的回答没有解答你的问题。实际上，引力波是由 LIGO 科学家团队在 2015 年首次直接观测到的。这一发现奠定了引力波天文学的基础，为我们提供了研究宇宙的全新视角。

　　通过这个示例可以看到，提供适时的反馈可以帮助你从 ChatGPT 获得更准确、更相关的回答。在与 AI 交流时，不要害怕指出错误或需要补充的地方。这样做不仅有助于获得更好的回答，还可以让你在与 AI 对话时保持轻松、自然的互动。

　　图 4-4 所示为本小节的提供有效反馈相关的趣味配图。

图 4-4

　　总之，适时提供反馈是与 ChatGPT 对话中非常重要的一环。通过在对话中注意反馈时机，你将能够更有效地与 AI 互动，获取更准确、更有价值的回答。同时，这也将有助于你在与 ChatGPT 的多轮对话中保持轻松、愉快的体验。

4.6 终止无效的对话

在与 ChatGPT 进行对话时，有时候我们可能会遇到无法得到有用信息或者陷入无尽循环的情况。这时候，学会如何终止无效对话就显得尤为重要。通过正确地切换话题或改变问题的方式，你可以避免浪费时间，并将对话引向更有价值的方向。

示例 1：陷入无尽循环

👤 请告诉我一个笑话。

🤖 为什么飞机上有洗手间，却没有洗脚间？因为飞机上都是脚踏实地的人！

👤 再给我讲一个笑话。

🤖 为什么飞机上有洗手间，却没有洗脚间？因为飞机上都是脚踏实地的人！

在这个示例中，ChatGPT 重复了相同的笑话，使得对话陷入了无尽循环。为了终止这种无效对话，你可以尝试更具体的提问：

👤 请给我讲一个关于医生的笑话。

这样的提问方式可以帮助你避免重复，引导对话朝着新的方向发展。

示例 2：无法得到有用信息

👤 哪种颜色能让我跑得更快？

🤖 颜色对你跑步速度的影响是心理作用，并无实际科学依据。

👤 那我穿什么颜色的鞋子能跑得更快？

🔵 穿什么颜色的鞋子对跑步速度并无实际影响。关键是找到适合自己的、质量好的跑鞋。

在这个示例中，用户坚持询问颜色对跑步速度的影响，但由于这个话题本身没有实际科学依据，ChatGPT 无法给出有价值的建议。为了终止这种无效对话，你可以改变提问方式或者转换话题：

👤 好的，那请告诉我如何选择一双合适的跑步鞋？

图 4-5 所示为本小节关于终止无效对话的趣味配图。

图4-5

总之，学会如何终止无效对话是与 ChatGPT 高效交流的关键技巧之一。通过调整提问方式、改变话题或者明确需求，你可以确保与 AI 的对话具有价值和意义。

4.7 引导 AI 进行深入分析和反思

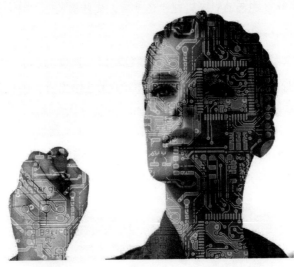

在与 AI 进行对话时，我们需要使用一些提问技巧来引导 AI 进行深入分析和反思。以下是一些实际技巧。

（1）逐层提问：从表面问题深入探讨。

（2）提出假设：要求 AI 预测特定情况。

（3）考虑多角度：鼓励 AI 从不同视角分析。

（4）反驳与质疑：向 AI 提出反驳观点，激发讨论。

通过以上技巧，我们可以引导 AI 进行深入分析和反思。以下是一个颇具哲学意味的案例，涉及人工智能、自由意志和道德责任。

👤 人工智能是否拥有自由意志？

💬 人工智能是基于算法和数据驱动的系统，它们的行为和决策都是由预先设定的规则、优化目标和训练数据所决定的。因此，从严格意义上讲，AI 并不具备自由意志，因为它们的行为是由程序设计者和数据的影响所决定的。

🧑 那么，如果 AI 做出了一个道德上错误的决策，我们应该如何界定责任？

🤖 当 AI 做出道德上错误的决策时，责任通常会分为几个层面。首先，开发和设计 AI 的团队需要对系统的潜在问题和不足负责。其次，使用 AI 的组织需要对如何部署和监控这些系统承担责任。最后，对于受到错误决策影响的个人或团体，他们也需要有途径获得补偿和救济。

🧑 假设未来 AI 拥有了类似人类的自主意识，那么在这种情况下，道德责任应该如何分配？

🤖 如果 AI 真的拥有了类似人类的自主意识，这将引发一系列复杂的伦理和道德问题。在这种情况下，可以从以下几个角度来考虑道德责任的分配：

（1）开发者的角度。作为 AI 的创造者，他们仍然需要为培育出具有自主意识的 AI 承担责任，确保这些 AI 在设计、开发和实施过程中遵循道德和伦理规范。

（2）AI 自身的角度。如果 AI 拥有了类似人类的自主意识，那么它在某种程度上也需要为自己的行为和决策承担道德责任。这意味着我们需要审视现有的道德和法律框架，以适应这种可能的情况。

（3）社会监管的角度。政府和监管机构需要制定相应的政策和法规，以确保具有自主意识的 AI 在道德和伦理方面的合规性，同时为受到不当决策影响的个人或团体提供救济途径。

🧑 那么，从哲学家和伦理学家的角度，他们如何看待这个问题？

🤖 哲学家和伦理学家对于具有自主意识的 AI 所引发的道德责任

问题持有不同的观点。以下是一些主要的观点。

（1）人类中心论。这种观点认为，无论AI是否具有自主意识，道德责任始终应该归属于人类。因为AI是人类创造的，人类需要对其行为进行监督和管理。

（2）伦理关系论。这种观点主张，道德责任取决于实体之间的关系。因此，在具有自主意识的AI与人类之间建立起道德关系时，这些AI也需要承担道德责任。

（3）功能主义。这种观点强调AI的功能和作用，认为道德责任应根据实体在特定环境中的作用来划分。因此，如果具有自主意识的AI在某些情境中发挥了类似人类的作用，那么它们也需要承担相应的道德责任。

（4）合作伦理。这种观点认为，道德责任是一个分散和共享的概念。在这种情况下，具有自主意识的AI、人类开发者、用户和监管者都需要承担一定程度的道德责任。

图4-6所示为本小节的关于引导AI深入思考的趣味配图。

图4-6

这些观点仅仅是哲学家和伦理学家关于具有自主意识 AI 的道德责任问题的一部分。这个问题仍然有许多未解决的挑战，需要在未来的研究和讨论中不断探讨。这个案例展示了如何引导 AI 进行深入分析和反思，通过提出假设、从多角度质疑和提出反驳观点，以激发更多有深度的讨论。

4.8 追问以获取更有价值的答案

在与 ChatGPT 互动时，有效的追问技巧可以帮助你更深入地探讨问题，获取更有价值的答案。在本节中，我们将讨论如何优化你的追问 Prompt，以便更好地与 AI 进行对话。

（1）结构性追问：引导 AI 系统回答。

（2）挑战性问题：引导 AI 提供深入分析和见解。

（3）指出错误并要求更正。

（4）多角度探讨：从不同角度提出问题。

结合这些技巧，你可以更有效地与 ChatGPT 进行对话，并获得更具参考价值的答案。通过逐层追问，你将能够深入了解问题，找到具体的行动方案。

下面是一个关于求职准备的问题和连续追问的示例。通过追问，用户可以获取更有价值的回复。

我是一名 **24** 届应届毕业生，如何准备找互联网方向的工作，距离秋招还有 **3** 个月。我在中国。

要为互联网方向的工作做好准备，你可以从以下几个方面着手：

（1）熟悉行业动态和知识。

（2）提升技能和能力。

（3）拓展人脉关系。

（4）准备面试和简历。

在准备过程中，如何提升自己获取行业资讯的能力？

要提升获取行业资讯的能力，你可以：

（1）关注行业领先公司的官方网站和社交媒体账号。

（2）订阅与互联网行业相关的专业杂志和博客。

（3）加入行业相关的社交媒体群组和论坛。

（4）参加线上和线下的行业活动和研讨会。

（5）结交行业内的专业人士，了解他们的见解和建议。

如何提升获取行业新闻和咨询的筛选能力？

提升筛选行业新闻和咨询的能力，可以从以下几个方面入手：

（1）确定关注的主题和方向。明确自己感兴趣的领域，有针对性地关注相关资讯。

（2）识别可靠来源。关注行业知名媒体和专业机构发布的信息，避免不实或片面的报道。

（3）学会快速浏览。通过标题和摘要快速判断信息的价值，有效节省时间。

（4）定期整理与总结。将学到的知识进行归纳总结，加深理解和记忆。

（5）与他人交流。参与讨论，听取不同意见，有助于辨别信息的真伪和价值。

👤 有没有详细的信息整理的技巧？

🌀 关于信息整理的技巧，你可以尝试以下方法：

（1）分类整理。将信息按照主题或领域进行分类，有助于快速定位和回顾。

（2）制作思维导图。通过图形化方式呈现信息，有助于形成结构化的认知。

（3）用笔记软件记录。使用 EverNote、OneNote 等笔记软件，便于随时记录和查找。

（4）书写摘要。对所学内容进行简要概述，有助于厘清思路和加深理解。

（5）定期回顾。周期性地回顾整理过的信息，巩固记忆，及时更新知识体系。

（6）创建个人知识库。将整理好的信息存储在个人知识库中，便于将来查找和应用。

（7）分享和讨论。通过与他人分享和讨论所学信息，既可以检验自己的理解，也能获得新的观点和启示。

值得注意的是，当对话过多时，ChatGPT 有可能忘记初始的信息，在追问时，请确保带上初始问题的关键信息。这有助于保持问题的上下文，防止关键背景或约束丢失。

图4-7所示为本小节关于追问的趣味配图。

图 4-7

通过以上方法，你可以更有效地整理和利用获取到的行业资讯，从而更好地为求职准备。在实际操作中，可以根据自己的学习习惯和需求，选择适合自己的信息整理技巧。

4.9 一步一步思考

在本书的前面章节中，我们提到了 ChatGPT 在思考过程中很像人的大脑，因此在解答数学和逻辑题方面相对较弱。那么，如何有效地引导 ChatGPT 以获得更接近正确的答案呢？我们需要通过引导逐步分析问题来提高答案的准确性。

首先，在向 ChatGPT 提问时，可以尝试添加提示词："请一步一步思考。"这将引导 ChatGPT 逐步分析问题，提高答案的准确性。

1. 数学题

问题：一件商品原价为 200 元，现在打 8 折销售。买了这件商品后，顾客发现自己的钱包少了多少钱?

提示:请一步一步计算折扣价,然后计算差额。

通过这个提示,我们引导 ChatGPT 逐步分析问题,计算折扣价格并求出差额。

错误的 ChatGPT 回答:顾客的钱包少了 40 元。

正确的 ChatGPT 回答:首先,我们需要计算折扣价。$200 \times 0.8 = 160$ 元。这道题问的是顾客钱包里少了多少钱,所以顾客买完后,钱包里少了 160 元。

2. 思考题

问题:甲、乙、丙三个人参加了一场赛跑。甲跑完全程比乙快 2 分钟,乙跑完全程比丙快 3 分钟。假设他们的速度相同并且一直保持恒定,那么甲跑完全程比丙快多少分钟?

错误的 ChatGPT 回答:甲比乙快 2 分钟,乙比丙快 3 分钟,所以甲比丙快 5 分钟。

提示:这道题没你想的那么简单。

正确的 ChatGPT 回答:我们不能确定甲、乙、丙三人之间的具体速度关系,因此无法直接将甲比乙快的时间和乙比丙快的时间相加。为了计算甲比丙快多少时间,我们需要知道他们各自的速度和赛跑的距离。在没有这些信息的情况下,我们不能得出结论。

相关的提示词有:

- 请一步一步思考
- 请深度思考
- 记住,你的第一反应大概率是错的
- 这道题没你想的那么简单
- 请你多想一想

● 注意，这不是一道普通的题

图 4-8 所示为本小节引导 AI 一步一步思考的趣味配图。

图 4-8

ChatGPT 在复杂问题思考上，跟人太类似了，喜欢偷懒，我们需要通过鼓励、提示来引导 ChatGPT 深入思考问题。

最后，对于复杂数学问题，我们推荐使用 Wolfram 插件。Wolfram 是一个功能强大的数学计算引擎，可以帮助解决各种复杂数学问题，如求解方程、积分、微分等。通过安装 Wolfram 插件，你可以在需要时轻松地获得更准确、专业的数学解答，提升问题解决效率。

4.10 避免不懂装懂和错误答案

在与 ChatGPT 互动时，可能会遇到 AI 不懂装懂、自行脑补或提供错误答案的情况。为了提高回答的准确性和可靠性，可以运用以下技巧：

（1）要求诚实回答。在提问时，明确指出如果 AI 不知道答案，应直接承认不知道，而非捏造。这将有助于确保 ChatGPT 在无法回答问题时，不会提供错误或误导性的答案。

示例 1（普通）

什么是柯达克效应？

示例 2（改进）

什么是柯达克效应？如果你不知道答案，请直接告诉我不知道。

（2）甄别可疑答案。在接收到 AI 的回答后，审查内容是否符合事实和逻辑。如果发现可疑答案，可以进一步询问以验证答案的正确性。

示例：

AI 回答："柯达克效应是指在高温下，某些材料会释放出特定波长的光。"

用户：请提供一些关于柯达克效应的参考资料或研究论文。

图 4-9 所示为本小节的关于避免 AI 不懂装懂的趣味配图。

图 4-9

通过运用这些技巧，我们可以降低 ChatGPT 在回答问题时不懂装懂和提供错误答案的风险，从而提高互动质量和准确性。

4.11 评估 Prompt 效果

在构建和优化 Prompt 过程中，评估 Prompt 效果是一个必不可少的环节。这一小节将为你介绍如何评估 Prompt 效果，以便在实际操作中更好地运用所学知识，提高与 AI 的对话质量。

1. 设定评估标准

评估 Prompt 效果的首要任务是设定明确的评估标准。这些标准可以包括：

（1）准确性。AI 回答是否正确、准确无误？

（2）详细程度。AI 回答是否足够详细，能够满足提问者的需求？

（3）一致性。AI 回答是否与问题背景一致，遵循逻辑？

（4）可理解性。AI 回答是否易于理解，表达清晰？

（5）效率。AI 回答是否迅速给出，符合实际应用的时间要求？

2. 使用实例

通过使用实例来评估 Prompt 效果，可以让我们更直观地了解 AI 在实际场景中的表现。为此，可以选择一些具有代表性的问题，观察 AI 给出的答案是否满足预期。如果答案不尽如人意，可以对比不同 Prompt 的效果，从而找出最佳的解决方案。

3. 试错过程

评估 Prompt 效果往往需要经历一个试错的过程。在实际操作中，可能需要多次调整 Prompt 的设计，以获得最佳效果。在每次调整后，都应对结果进行评估，确保改进的方向是正确的。

4. 与其他方法的对比

为了更全面地评估 Prompt 效果，可以将其与其他方法进行对比。例如，可以与传统的搜索引擎、专业人士的答案等进行比较，从而更好地了解 AI 在特定场景下的优缺点。

总之，在实际应用中，评估 Prompt 效果是至关重要的一环。只有不断地评估和优化，才能最终实现与 AI 的高质量对话。希望本节的内容能为你在这方面的实践提供有益的指导。

4.12　对话技巧与 Prompt 工程技术的关联与区分

在探讨如何构建高效的 Prompt 和与 AI 进行高质量的交流之后，现在让我们来了解与 ChatGPT 对话技巧和提示工程技术之间的区别。虽然这两者都关注如何与 AI 进行有效的交流，但它们的关注点和应用范围有所不同。

与 ChatGPT 对话技巧主要集中在如何与 AI 建立起一种愉快、有效的交流。这涉及提问的方式、如何引导 AI 生成准确和高质量的回答，以及如何在多轮对话中保持高质量的交互。我们已经讨论了这部分内容，包括了解 AI 的局限性和可能出现的错误，以便在与 AI 对话时能更好地应对这些问题。在这个层面上，我们关注的是提问策略、指令设计和对话交互，使得用户能够更有效地与 AI 进行对话。

而接下来的章节将讨论提示工程技术的提示技巧，这些技巧关注于如何利用技术手段优化 AI 模型的表现。这部分内容涉及对大型语言模型进行微调、优化输入输出、实现多元化的回答生成等。这些技巧旨在帮助用户更好地利用 AI 技术，提高 AI 在实际应用中的性能。在这个层面上，我们关注的是底层原理、性能优化和技术方法，以便为用户提供更强大的 AI 解决方案。

换句话说，与 ChatGPT 对话技巧更像是我们与 AI 沟通的社交礼仪，而提示工程技术的提示技巧则更像是我们通过技术手段让 AI 更聪明、更擅长处理各种问题的方法。这两者相辅相成，共同构成了与 AI 对话的核心技能。

虽然两者有一定的重叠，例如，在"一步一步思考"和"链式思考"这两个概念中，但我们可以从不同的角度进行讨论。在对话技巧部分，我们可以讨论如何分解问题，使得 AI 能够更好地理解和回答问题；而在提示工程技术部分，我们可以关注如何利用 AI 的推理能力解决复杂问题，从技术层面提高 AI 的表现。

在接下来的章节中，我们将深入探讨提示工程技术的提示技巧。通过学习这些技巧，你将能够更好地与 ChatGPT 进行有效对话，进一步提高 AI 在实际应用中的性能，从而发挥 AI 技术的最大潜力。

第 5 章

提示工程
技术入门

5.1 提示工程：一门新兴学科

随着大型语言模型（Large Language Model，LLM）的飞速发展，研究者们越来越关注如何更好地利用这些模型来解决实际问题。提示工程（Prompt Engineering）正式应运而生，成了一门新兴的学科。本节将深入探讨提示工程的定义、发展历程、实践方法以及它在不同领域的应用。

5.1.1 什么是提示工程

提示工程是一门专注于开发和优化提示词的学科。它旨在通过设计有效的提示和交互方式，帮助用户更好地利用大型语言模型的能力，将其应用于各种场景和研究领域。提示工程涉及的技能和技术不仅局限于提示词的设计与研发，还包括与大型语言模型的交互、理解模型的能力和局限性、提高模型的安全性以及利用外部工具和领域知识来增强模型的能力。

5.1.2 提示工程的发展历程

随着 GPT-3 等大型语言模型的诞生，研究者们意识到通过优化提示词，可以显著改善模型在解决复杂问题时的表现。这促使了提示工程这一领域的兴起，研究者们开始关注如何利用提示词开发高效的工程技术，以提升模型在不同任务中的性能。

5.1.3 提示工程的实践方法

提示工程的实践方法主要分为以下几个方面（如图 5-1 所示）：

（1）提示词设计。根据任务需求，有针对性地设计简洁、明确且易于理解的提示词，以提高模型的准确性和可靠性。

（2）模型交互。通过调整输入／输出参数、控制生成文本的长度和复杂性等，实现与模型的高效交互。

（3）能力评估。通过测试、实验和分析，深入了解模型的能力和局限性，为优化提示词提供依据。

（4）安全性评估。设计安全策略，降低模型在生成不良内容或误导性信息的风险。

（5）外部工具与领域知识整合。利用领域专家的知识和外部工具，提高模型在特定领域的专业性能力。

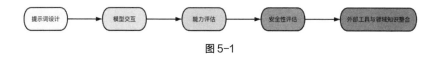

图 5-1

5.1.4 提示工程在不同领域的应用

提示工程在多个领域取得了显著的成果,以下是一些典型的应用场景:

(1)问答系统。通过优化提示词,提示工程可以显著提高大型语言模型在问答任务中的准确性和可靠性。

(2)自然语言理解。提示工程可用于提高模型在语义分析、情感分析和实体识别等自然语言处理任务中的性能。

(3)机器翻译。提示工程可以帮助优化翻译任务中的提示词,从而提高模型在不同语言之间的翻译质量。

(4)编程辅助。通过设计针对代码生成和代码审核等任务的提示词,提示工程可以帮助开发者更高效地进行编程工作。

(5)创意写作。利用提示工程技术,可以引导大型语言模型生成更具创意和原创性的文本内容。

(6)教育辅导。提示工程可以为在线教育平台提供个性化的学习建议和答疑解惑服务,提高学习效果。

5.1.5 提示工程的未来发展

随着大型语言模型的不断发展和完善,提示工程将在未来继续扮演重要角色。研究者们有望通过不断优化提示词和交互方式,进一步提升模型在各个领域的应用效果。同时,随着模型的普及和应用领域的扩大,提示工程的安全性和道德问题也将成为关注焦点。研究者们需要在提高模型性能的同时,确保模型的使用过程中不会产生不良影响。

总结：提示工程作为一门新兴学科，正逐渐成为研究和应用大型语言模型的关键技术。通过深入研究提示工程，我们可以更好地理解大型语言模型的能力和局限性，进而为实际问题提供更有效的解决方案。在未来，随着大型语言模型技术的持续发展，提示工程将在众多领域发挥更广泛的作用。

5.2　基本概念：编码、解码与评估

提示工程是在与聊天机器人（如 ChatGPT）进行互动时，提高交流效果的关键手段。为了更好地理解提示工程，我们需要从编码、解码与评估三个基本概念入手。本节将详细介绍这三个概念及其在提示工程中的应用。

5.2.1　编码

编码是将自然语言文本转换为机器能理解的形式（通常是向量）的过程。在与聊天机器人交流时，我们的问题需要经过编码，以便机器能够理解并做出回应。

编码通常利用预训练的词嵌入（如 Word2Vec、GloVe 或 BERT）将每个单词或短语转换为向量。这些向量能够捕捉词汇的语义和语法信息，为聊天机器人提供有关问题的上下文，如图 5-2 所示。

编码的关键在于选取合适的预训练词嵌入和设计有效的问题表述。在提示工程中，我们需要确保问题的表述能够传达清晰、明确且易于理解的信息，以便机器生成高质量的回答。

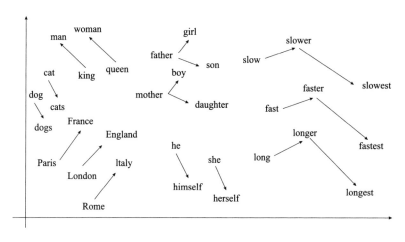

图 5-2

5.2.2 解码

解码是从机器生成的向量中提取自然语言文本的过程，即将向量转换回文本。在与聊天机器人交流时，我们关心的是机器如何从编码阶段获得的向量生成有意义的回答。

解码的方法有很多，如贪婪解码、集束搜索（Beam Search）和 Top-K 采样等。这些方法在生成回答时会考虑词汇间的概率分布和上下文关系。

在提示工程中，我们需要选择适当的解码方法，以生成流畅、一致且相关的回答。此外，还需要权衡生成回答的多样性和准确性，以实现最佳的交流效果。

5.2.3 评估

评估是衡量聊天机器人回答质量的过程，以确定提示工程的有效性。评估指标通常包括准确性、流畅性、一致性、多样性等。

评估可以分为主观评估和客观评估。主观评估通常涉及人类评审员根据给定的标准对回答进行打分，而客观评估则依赖于自动评分指标（如 BLEU、ROUGE 等）来衡量回答的质量。

在提示工程中，我们需要结合主观评估和客观评估方法来评估聊天机器人的回答质量。这将有助于我们了解现有提示策略的优缺点，并对其进行改进，从而提高与聊天机器人的交流效果。

5.2.4 总结

本节介绍了提示工程中的三个基本概念：编码、解码与评估。了解这些概念有助于我们在与聊天机器人（如 ChatGPT）进行互动时，设计出更有效的提示策略，从而获得更高质量的回答。

编码阶段关注问题的表达和词嵌入，解码阶段关注回答的生成方法，而评估阶段则关注回答质量的衡量。在提示工程实践中，我们需要综合应用这些概念，以实现更深入、专业且实用的对话体验。

5.3 简化提示工程过程：常见 NLP 库与工具简介

在实践提示工程时，有效利用现有的自然语言处理（NLP）库和工具将大大简化工程过程。本节将介绍一些常见的 NLP 库和工具，并提供指导以帮助你根据需求选择合适的库与工具，以便快速上手和实现高质量的提示工程。

5.3.1 如何选择适合的 NLP 库与工具

在选择适合的 NLP 库与工具时，需要考虑以下几个方面：

（1）明确需求。根据你的需求，如文本分类、命名实体识别、情感分析等，有针对性地选择相应的 NLP 库和工具。

（2）了解主流 NLP 库与工具。了解它们的特点、优缺点、适用场景等，有助于为特定任务选择最合适的解决方案。

（3）社区支持与文档完善。一个活跃的社区和完善的文档可以为你提供更多的帮助，从而更快地解决实际问题。

（4）性能与扩展性。考虑库和工具的性能和扩展性，以便在未来需求变化时，能够方便地应对。

接下来，将介绍一些常见的 NLP 库和工具，供参考。

5.3.2　Hugging Face Transformers

Hugging Face Transformers 是一个非常流行的深度学习库，它为 NLP 任务提供了大量预训练的模型，如 BERT、GPT-2、GPT-3 等。它还包含一些实用功能，如用于文本生成、情感分析、文本分类等任务的 pipeline。

使用 Hugging Face Transformers，你可以轻松地加载预训练模型，定制模型结构和设置，以及为模型提供输入。此外，它还允许你在本地或云端进行模型训练和微调，进一步改善模型在特定任务中的性能。

Transformers

5.3.3　spaCy

spaCy 是一个用于高级 NLP 任务的库，它提供了一系列功能，包括分词、词性标注、命名实体识别、依存关系解析等。使用 spaCy，你可以方便地处理和分析文本，进而为提示工程提供更有针对性的输入。

spaCy 还提供了一个名为 Matcher 的功能，可以帮助你根据特定的规则和模式在文本中查找词汇。这在提取关键信息和构建针对性强的提示时非常有用。

spaCy

5.3.4 OpenAI API

OpenAI API 是一个用于与 OpenAI 预训练模型（如 GPT-3 和 Codex）互动的 API。它允许你通过简单的 HTTP 请求与模型进行交互，从而生成文本、编写代码或解决各种 NLP 任务。

使用 OpenAI API，你可以方便地调用模型、设置参数（如 max tokens、temperature 等），并获取模型生成的结果。此外，还可以使用 OpenAI 的 DALL-E API 生成图像，进一步拓展你在提示工程中的应用范围。

OpenAI

5.3.5 NLTK

NLTK（Natural Language Toolkit）是一个 Python 编程语言的自然语言处理库。它提供了一系列功能，包括词性标注、命名实体识别、语法分析、文本相似度计算等。NLTK 还包含大量语料库和词汇资源，以支持多种语言和任务。

NLTK 是一个广泛使用的 NLP 库，可帮助你快速进行文本分析和处理，从而为提示工程提供有力支持。

NLTK

5.3.6　总结

了解并熟练掌握常见的 NLP 库与工具对于简化提示工程过程至关重要。在本节中，我们介绍了 Hugging Face Transformers、spaCy、OpenAI API 和 NLTK 等库和工具。这些资源可以帮助你轻松实现高质量的提示工程，从而与 ChatGPT 进行高效、专业和实用的对话。

为了确保在提示工程过程中发挥这些库和工具的最大潜力，请花时间深入了解它们的文档、教程和实例。这将为你提供关于如何使用这些资源解决实际问题的宝贵经验。

随着技术的发展，未来可能会出现更多新颖且强大的 NLP 库和工具。因此，保持关注新兴技术，并不断更新你的知识库，将有助于你更好地应对提示工程领域的挑战和变化。

5.4　Prompt 工程的基本原理

提示工程是一种策略，旨在优化大型语言模型的性能，通过设计恰当的输入格式、上下文信息和任务指示，从而使模型生成更为满意的输出结果。下面将深入剖析提示工程的基本原理，并通过实际案例来展示如何运用这些概念以实现专业、深入和实用的应用。

提示工程的核心是设计有效的输入，包括指令、问题、上下文信息和示例。为了获得理想的输出结果，我们需要在输入中提供足够的信息，以便语言模型能够更好地理解任务需求和背景知识。下面是一个说明性的示例：

提示词

> **Please finish the following sentence:**
> **Rain is**

输出结果

essential for the growth of plants and maintaining the water cycle on
Earth.

在这个例子中，我们明确地告知模型完成一个句子，并提供了一个简短的上下文。模型成功地生成了与上下文相关的输出结果。然而，在更复杂的任务场景下，我们可能需要提供更多的信息和示例以指导模型。

一个典型的提示词应遵循以下格式：

<问题>?

或

<指令>

我们可以将其进一步格式化为问答模式：

Q: <问题>?
A:

在零样本提示中，我们不需要提供示例，直接询问模型一个问题，模型会根据其已有知识回答。然而，为了获得更好的性能，我们通常会使用小样本提示方法，提供一些示例以帮助模型理解任务。

小样本提示的格式如下：

<问题>?
<答案>
<问题>?
<答案>
<问题>?
<答案>
<问题>?

也可以将其格式化为问答模式：

```
Q:<问题>?
A:<答案>
Q:<问题>?
A:<答案>
Q:<问题>?
A:<答案>
Q:<问题>?
A:
```

为了说明小样本提示的作用，我们设计了一个关于情感分类的任务，提供了一些示例和简短的任务描述。

提示词

```
Fantastic meal! // Positive
Terrible service. // Negative
The view was breathtaking! // Positive
I can't stand this noise. //
```

输出结果

```
Negative
```

在这个例子中，通过提供一些示例和分类信息来帮助模型理解情感分类任务。模型成功地根据上下文信息生成了正确的输出结果。

总结：提示工程是一种关键策略，通过设计适当的输入格式、上下文信息和任务指示来优化大型语言模型的性能。要充分利用这些概念，我们需要充分了解任务需求，并在输入中提供足够的信息和示例，以便语言模型能够更好地理解任务背景。通过深入研究提示工程的原理并运用实际案例，我们可以实现更专业、深入和实用的应用，从而充分发挥大型语言模型的潜力。

5.5 提示词要素示例

在设计输入时，需要考虑多个要素，以确保模型能够准确理解任务需求并生成满意的输出。下面将详细探讨各种提示词要素，并通过实际案例来展示如何运用这些原则以实现深入、专业和实用的应用。

提示词通常由以下要素组成（如图 5-3 所示）。

（1）指令：明确告知模型需要完成的任务或动作。

（2）上下文：提供有关任务的背景信息，以便模型更好地理解和回应。

（3）输入数据：用户提供的问题或内容。

（4）输出指示：说明期望输出的类型或格式。

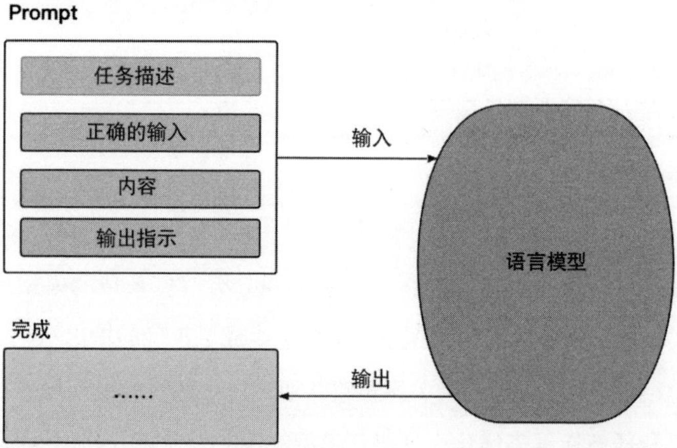

图 5-3

值得注意的是，并非所有任务都需要包含上述所有要素。提示词的具体构成取决于任务的性质和需求。以下是一个实际案例，展示了如何根据任务类型构建提示词。

任务：识别文本中的主题并总结关键点。

提示词

> **Identify the main topic and summarize the key points of the following text:**
>
> "The rapid advancement of technology has led to significant changes in the way we live and work. Automation and artificial intelligence are transforming industries, increasing efficiency, and reshaping the job market."

输出结果

> **Main topic: Technological advancements and their impact on society**
> **Key points:**
> **1. Automation and artificial intelligence are transforming industries.**
> **2. Increase in efficiency.**
> **3. Reshaping the job market.**

在这个示例中包含了以下要素。

（1）指令：识别主题并总结关键点。

（2）上下文：提供了一段文本。

（3）输出指示：要求输出主题和关键点。

这种提示词的构建方式使得语言模型能够准确理解任务需求，从而生成满意的输出结果。

总之，精通提示工程意味着掌握如何根据任务需求灵活运用各种提示词要素。在设计输入时，考虑这些要素可以帮助我们充分挖掘大型语言模型的潜能，实现深入、专业和实用的应用。后续指南将进一步展示不同类型任务的具体示例和实践。

5.6 提示模型性能：优化输入的 Prompt 工程实践

提示工程的核心在于通过精心设计的输入来激发大型语言模型的潜能。要实现高效、专业和实用的应用，我们需要掌握一些关于如何构建提示的通用技巧。下面将探讨这些技巧，并提供一些实际案例以示范如何应用它们。

5.6.1 从简单开始

提示工程是一个迭代过程，需要不断尝试和优化。从简单的任务开始，然后逐渐添加更多的要素和上下文。在此过程中，对提示进行版本控制至关重要。对于复杂任务，可以将其拆分为更简单的子任务，并逐步构建。

案例：将一篇文章分为三个子任务来处理。

（1）提取主要观点。

（2）翻译成另一种语言。

（3）根据提取的观点生成摘要。

5.6.2 指令

使用明确的命令来告知模型所需完成的任务，如"解释""比较""评估"等。同时，尝试不同的关键字、上下文和数据以找到最适合的方法。

案例：将一段文本从英语翻译成法语。

提示词

> 将以下英文文本翻译成法语：
>
> 文本："Good morning！"

输出结果

Bonjour！

5.6.3 具体性

让模型知道具体要求以获得更好的结果。提供特定格式的示例也非常有效。

案例：编写一封商业信函。

提示词

编写一封商业信函，要求使用以下格式：
- 日期
- 收件人地址
- 问候语
- 主题
- 正文
- 结束语
- 签名

输出结果

[具体的商业信函]

5.6.4 避免过于描述

在设计提示时，不要陷入过于复杂的陷阱。通常情况下，越直接，信息传递就越有效。

案例：解释什么是提示工程。

提示词

用一段简短的描述来解释提示工程。

输出结果

提示工程是一种通过精心设计输入来优化和操控大型语言模型表现的技巧。

5.6.5　做还是不做

避免告诉模型不要做什么，而是告诉它应该做什么。这有助于实现更具体的输出。

案例：为用户推荐一部电影。

错误的提示

不要询问用户的喜好，推荐一部电影。

正确的提示

根据当前热门电影推荐一部电影。

通过遵循上述提示工程实践，我们可以更有效地利用大型语言模型，为各种应用创造出高质量的输出。请务必对提示进行大量的实验和迭代，以便找到适合自己需求的最佳方法。

5.6.6　灵活调整提示长度

在设计提示时，要考虑到提示长度的限制。根据需求在详细程度和简洁性之间取得平衡。同时，确保所包含的细节是相关的，并能有助于完成任务。

案例：提取文本中的关键词。

提示词

请从以下文本中提取关键词并以逗号分隔的形式列出。
输入："全球变暖是地球表面温度逐渐上升的现象，导致极地冰川融化、海平面上升和天气模式的改变。"

输出结果

全球变暖，地球表面温度，极地冰川融化，海平面上升，天气模式改变

5.6.7 精确控制输出格式

要求模型以特定的格式生成输出，以满足特定应用场景的需求。为模型提供明确的输出格式说明，以获得更精确的结果。

案例：将一段文本以列表形式呈现。

提示词

请将以下文本以项目列表的形式重新排列：
输入："购物清单：牛奶、面包、鸡蛋、黄油。"

输出结果

- 牛奶
- 面包
- 鸡蛋
- 黄油

5.6.8 综合应用各种技巧

在实际应用中，你可能需要综合运用上述技巧来设计高效、专业和实用的提示。

案例：为用户提供基于主题的文章摘要。

提示词

请根据以下文本提供一个关于"可再生能源"的摘要，总结不超过 **50** 个单词。

输入："太阳能、风能、水能等可再生能源在全球范围内越来越受到重视。这些可再生能源对环境友好，有助于减少对化石燃料的依赖，降低温室气体排放。许多国家和地区已经开始大力推广和投资可再生能源项目，以应对日益严重的气候变化问题。"

输出结果

可再生能源，如太阳能、风能和水能，有助于减少化石燃料依赖、降低温室气体排放，正逐渐在全球范围内受到关注。许多国家已开始大力推广和投资相关项目。

通过上述提示工程实用技巧，你可以更有效地利用大型语言模型，为各种应用创造出高质量的输出。在设计提示时，要保持灵活性并根据你的需求进行调整。对于涉及多个子任务的复杂任务，可以将其拆分为更简单的子任务，并逐步构建。此外，要确保在提示中明确说明输出格式，并根据需要进行细化。

请务必对提示进行大量的实验和迭代，以便找到适合自己需求的最佳方法。还可以与其他用户和开发者分享自己的经验，互相学习和改进。通过不断地试验和优化，你将能够充分利用大型语言模型的潜力，为你的项目带来更高质量的结果。

5.7　更多提示词实践示例

在本节中，我们将继续深入探讨提示词的使用，并提供更多示例，以展示如何使用提示词来完成不同的任务。通过这些示例，你将更好地了解如何创建有效的提示词以完成各种任务。下面将通过一系列示例来介绍如何使用提示词来完成以下任务。

主题：

（1）文本纠错。

（2）实体识别。

（3）情感分析。

（4）文本生成。

（5）逻辑推理。

（6）编程问题解答。

（7）创意写作。

5.7.1　文本纠错

文本纠错是自然语言处理中的一个常见任务。以下示例展示了如何使用提示词来指导模型纠正文本中的错误。

提示词

> **Correct the errors in the following text: //纠正以下文本中的错误**
> **Text: Thes is a exampl sentence withh erroors.**
> **Corrected Text:**

输出结果

> **This is an example sentence with errors.**

5.7.2　实体识别

实体识别是识别和分类文本中的实体（如人名、地名、组织名等）的任务。以下示例展示了如何使用提示词来完成实体识别任务。

提示词

> **Identify and label the entities in the following sentence: // 在下面的句子中识别并标记实体**
> **Sentence: Barack Obama was born in Honolulu, Hawaii on August 4, 1961.**
> **Entities:**

输出结果

> **Entities: Barack Obama (Person), Honolulu (Location), Hawaii (Location), August 4, 1961 (Date)**

5.7.3　情感分析

情感分析是识别和分类文本中的情感倾向（如正面、负面或中立）的任务。以下示例展示了如何使用提示词来完成情感分析任务。

提示词

> **Determine the sentiment of the following text as positive, negative, or neutral:** // 确定以下文本的情感倾向：正面、负面或中立
>
> **Text: The movie was absolutely amazing, and I can't wait to see it again!**
>
> **Sentiment:**

输出结果

> **Sentiment: positive**

5.7.4　文本生成

文本生成任务是创建新的、相关的文本内容。以下示例展示了如何使用提示词来完成文本生成任务。

提示词

> **Write a brief introduction to the topic of artificial intelligence.** // 写一篇关于人工智能主题的简短介绍
>
> **Generated Text:**

输出结果

> **Artificial intelligence (AI) is a rapidly evolving field in computer science, focusing on the development of intelligent machines and algorithms that can perform tasks without explicit human intervention. These tasks**

include learning, reasoning, problem-solving, perception, and language understanding. AI systems have the potential to revolutionize various industries, from healthcare and finance to transportation and entertainment, making our lives more efficient and convenient.

5.7.5 逻辑推理

逻辑推理任务涉及根据给定的信息得出合理的结论。以下示例展示了如何使用提示词来完成逻辑推理任务。

提示词

If all cats are animals, and all animals need water to survive, do all cats need water to survive? // 如果所有的猫都是动物，而所有动物需要水才能生存，那么所有的猫都需要水才能生存吗？

Answer:

输出结果

Yes, all cats need water to survive since they are animals and all animals need water to survive.

提示词

All apples are fruits, and no fruits are vegetables. Are all apples vegetables? // 所有的苹果都是水果，没有水果是蔬菜。所有的苹果都是蔬菜吗？

Answer:

输出结果

No, all apples are not vegetables since they are fruits, and no fruits are vegetables.

5.7.6 编程问题解答

编程问题解答任务是解决与编程相关的问题。以下示例展示了如何使用提示词来回答有关 Python 编程的问题。

提示词

> **How do you reverse a string in Python?** // 如何在 **Python** 中反转字符串?
>
> **Answer:**

输出结果

> In Python, you can reverse a string using slicing with the following syntax:
>
> reversed_string = original_string[::-1]
>
> This will create a new string called 'reversed_string' which contains the characters of 'original_string' in reverse order.

5.7.7 创意写作

创意写作任务是编写具有独创性和创造力的文本。以下示例展示了如何使用提示词来完成一个创意写作任务。

提示词

> **Write a short fictional story about a robot who learns the importance of friendship.** // 写一个关于一个机器人学习到友谊重要性的短篇小说
>
> **Story:**

输出结果

> Once upon a time in a small, futuristic town, there lived a robot named Robby. Robby was designed by a brilliant inventor to perform various tasks and help the townspeople with their daily chores. Despite his incredible abilities, Robby felt lonely and longed for companionship.
>
> One day, while Robby was assisting in a local park's maintenance, he met a young girl named Lucy. Lucy was curious about Robby and asked him many questions about his life and purpose. As they spent more time together,

Robby began to learn about the concept of friendship and how it brought joy and happiness to humans.

Eager to experience this newfound understanding, Robby went back to his inventor and asked to be programmed with the ability to form friendships. The inventor agreed, and Robby found himself able to connect with people on a deeper level. He formed strong bonds with the townspeople, including Lucy, who became his best friend.

Robby's life took a new direction as he discovered that friendship was not just about being helpful, but also about sharing experiences, laughter, and emotions. Through his journey, Robby learned that the true value of friendship lies in the heart and that even a robot can experience the warmth and love that comes from genuine connections.

From that day on, Robby continued to serve the town with his newfound understanding of friendship, becoming not just a helpful assistant but also a beloved friend to all who knew him. And so, Robby and the townspeople lived happily ever after, proving that friendship is a powerful force that transcends the boundaries of human and machine.

本节展示了如何使用提示词来完成不同类型的任务，如逻辑推理、编程问题解答和创意写作。这些示例说明了精细的提示词在引导大型语言模型完成任务时的重要性。通过为模型提供明确的指示、上下文和示例，你可以获得更好的响应结果。

心得：

（1）根据任务类型，精心设计提示词。明确的指令和示例可以帮助模型更好地理解你的需求。

（2）在需要时提供足够的上下文。这有助于模型生成更准确和相关的答案。

（3）适当地调整提示词以获得更好的输出。如果输出结果不符合预期，尝试修改提示词以使其更具体、明确或提供更多指导。

（4）不同任务可能需要不同级别的引导。例如，在编程问题解答中，模型可能需要具体的编程问题和环境信息，而在创意写作中，模型可能需要更多的自由发挥空间。

通过掌握这些心得，你将能够更有效地使用大型语言模型来完成各种任务。请务必实验和探索，以便找到最适合自己需求的提示词。

第6章

提示工程的
技术与方法

6.1 零样本提示

零样本提示是一种非常强大的自然语言处理技术。本节将深入探讨零样本提示的原理，掌握一些实用的示例，以及对这个领域的总结。

6.1.1 零样本提示简介

零样本提示是一种在不使用任何标注样本的情况下，通过设计恰当的提示来引导预训练的大型语言模型（如 GPT 系列）完成特定任务的方法。零样本提示的核心思想是利用预训练模型在训练过程中已经学到的大量知识和语言理解能力，结合合适的提示文本，从而在没有特定任务训练数据的情况下，完成各种复杂的自然语言处理任务。这种方法在很多场景下表现出了出色的性能，为自然语言处理领域带来了革命性的改变。

6.1.2 零样本提示示例

为了帮助大家更好地理解零样本提示，我们来看一些实际的示例。

示例 1：文本分类

任务：将输入文本分为"正面"和"负面"两类。

提示

"这段文字给人的感觉是 { 正面 / 负面 }。"

通过将输入文本嵌入到提示中，我们可以引导模型进行文本情感分类。例如：

输入

这家餐厅的服务非常好，食物也很美味。

模型预测

"这段文字给人的感觉是正面。"

示例 2：摘要生成

任务：为输入的文章生成摘要。

提示

"文章的主要观点是：{ 摘要 }。"

通过设置合适的提示，我们可以引导模型生成输入文章的摘要。例如：

输入

一段关于环保的文章。

模型预测

"文章的主要观点是：环保是当务之急，我们每个人都应该为保护地球负责。"

示例 3：问答系统

任务：回答输入的问题。

提示

"关于问题'{问题}'，我认为答案是：{答案}。"

这个示例展示了如何利用零样本提示构建一个简单的问答回答系统。例如：

输入

太阳系一共有多少颗行星？

模型预测

"关于问题'太阳系一共有多少颗行星？'，我认为答案是：8 颗。"

6.1.3 总结

零样本提示是一种强大的自然语言处理方法，通过合适的提示设计，可以在没有任务专用数据的情况下实现各种复杂任务。然而，这种方法也存在一定的局限性，例如对提示设计的依赖以及可能产生的预测偏差。未来，我们可以通过研究更加通用的提示设计方法、探索不同任务之间的迁移学习等方式，进一步提升零样本提示的性能。希望本节内容能帮助大家更好地理解和应用零样本提示技术，为实际项目带来更多价值。

6.2 少样本提示

少样本提示同样是一种非常实用的自然语言处理技术，相较于零样本提示，少样本提示通过引入少量标注数据来提升任务性能。本节将深入了解少样本提示的原理，掌握一些实用的示例，以及对这个领域的总结。

6.2.1 少样本提示简介

少样本提示是一种在使用少量标注样本的情况下，通过设计合适的提示来引导预训练的大型语言模型（如 GPT 系列）完成特定任务的方法。少样本提示与零样本提示的主要区别在于，少样本提示利用一定数量的标注数据来引导模型学习任务相关的知识，而不是完全依赖模型的预训练知识。通过有效地利用少量标注数据，少样本提示可以在许多场景下实现优于零样本提示的性能。

6.2.2 少样本提示示例

为了帮助大家更好地理解少样本提示，我们来看一些实际的示例。

示例 1：实体识别

任务：识别输入文本中的人名、地名和机构名。

提示

"请将以下文本中的人名、地名和机构名用对应的标签标记出来：{输入文本}。"

在少样本提示中，我们可以先给出一些已经标注好的示例，然后再提供需要处理的文本。例如：

输入

1. 人名：[李华] 地名：[北京] 机构名：[联合国]

2. 人名：[王明] 地名：[上海] 机构名：[华为公司]

3. 请将以下文本中的人名、地名和机构名用对应的标签标记出来："今天，[李华] 去了 [北京] 参加 [联合国] 的会议。"

模型预测

今天，人名：[李华] 地名：[北京] 机构名：[联合国] 的会议。

示例 2：文本分类

任务：将输入文本分为"正面"和"负面"两类。

提示

"以下是一些已经分类好的文本示例，请参考这些示例为输入文本分类：{ 已标注数据 } 输入文本：{ 文本 }。"

通过提供一些已经分类好的文本示例，我们可以引导模型进行文本情感分类。例如：

输入

1. 正面："这家餐厅的服务非常好，食物也很美味。"

2. 负面："这部电影实在是太无聊了，完全浪费时间。"

3. 以下是一些已经分类好的文本示例，请参考这些示例为输入文本分类："这家餐厅的菜品口味一般。"

模型预测

负面。

示例 3：文本摘要

任务：为输入的文章生成摘要。

提示

"以下是一些文章及其摘要，请参考这些示例为输入文章生成摘要：{ 已标注数据 } 输入文章：{ 文章 }。"

通过提供一些已经生成摘要的文章示例，我们可以引导模型生成输入文章的摘要。例如：

输入

1. 文章："太阳系的八大行星"摘要："太阳系共有八大行星，分别是水星、金星、地球、火星、木星、土星、天王星和海王星。"

2. 文章:"全球气候变暖的影响"摘要:"全球气候变暖对生态系统和人类生活产生严重影响,需要采取切实措施应对。"

3. 以下是一些文章及其摘要,请参考这些示例为输入文章生成摘要:"人工智能在医疗领域的应用。"

模型预测

摘要:"人工智能在医疗领域的应用不断拓展,助力诊断、治疗和研究,提高医疗质量和效率。"

6.2.3 总结

少样本提示是一种强大且实用的自然语言处理方法,通过合适的提示设计和少量标注数据的引入,可以实现优于零样本提示的任务性能。然而,这种方法在面对大量标注数据时,可能无法充分利用所有信息。此外,针对不同任务,如何设计合适的提示和选择适量的标注数据仍是一个挑战。在未来的研究中,我们可以关注如何更高效地利用标注数据、提升模型泛化能力等方面,进一步拓展少样本提示的应用范围。希望本节能帮助大家更好地理解和应用少样本提示技术,为实际项目带来更多价值。

6.3 链式思考提示

链式思考是一种将问题分解为多个子问题,并通过串联处理这些子问题来解决原始问题的方法[①]。在自然语言处理领域,链式思考被广泛应用于解决数学题、回答涉及多个方面的问题等场景。本节

---

① Chain-of-Thought Prompting Elicits Reasoning in Large Language Models,
https://arxiv.org/abs/2201.11903

将深入了解链式思考的原理，掌握一些实用的示例，以及对这个领域的总结。

链式思考 Prompt 示范如图 6-1 所示。

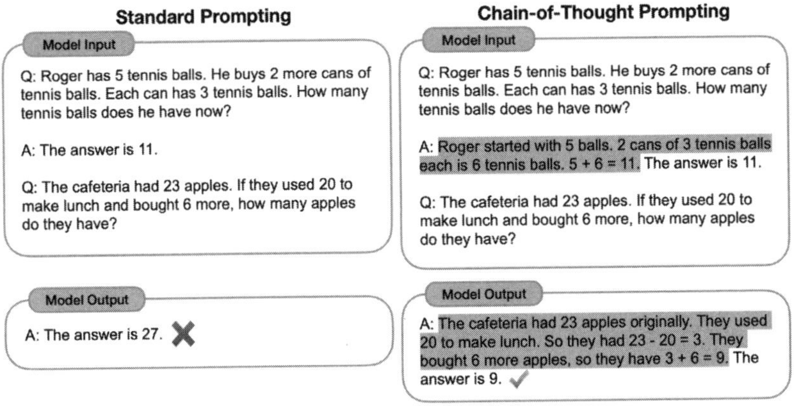

Standard Prompting

Model Input

Q: Roger has 5 tennis balls. He buys 2 more cans of tennis balls. Each can has 3 tennis balls. How many tennis balls does he have now?

A: The answer is 11.

Q: The cafeteria had 23 apples. If they used 20 to make lunch and bought 6 more, how many apples do they have?

Model Output

A: The answer is 27. ✘

Chain-of-Thought Prompting

Model Input

Q: Roger has 5 tennis balls. He buys 2 more cans of tennis balls. Each can has 3 tennis balls. How many tennis balls does he have now?

A: Roger started with 5 balls. 2 cans of 3 tennis balls each is 6 tennis balls. 5 + 6 = 11. The answer is 11.

Q: The cafeteria had 23 apples. If they used 20 to make lunch and bought 6 more, how many apples do they have?

Model Output

A: The cafeteria had 23 apples originally. They used 20 to make lunch. So they had 23 - 20 = 3. They bought 6 more apples, so they have 3 + 6 = 9. The answer is 9. ✔

图 6-1

6.3.1 链式思考简介

链式思考是一种解决复杂问题的策略，通过将问题分解为多个相对简单的子问题，然后依次解决这些子问题并将结果串联起来，从而达到解决原始问题的目的。在自然语言处理领域，链式思考可以帮助我们更好地利用预训练语言模型（如 GPT 系列），通过逐步引导模型解决问题，提高模型的准确性和鲁棒性。

6.3.2 链式思考示例

为了帮助大家更好地理解链式思考，我们来看一些详细的示例。

示例 1：计算给定日期的下一个星期一

任务：给定一个日期，计算下一个星期一的日期。

首先，我们可以将这个问题分解为以下子问题。

- 子问题 1：确定给定日期是星期几。

- 子问题 2：计算从给定日期到下一个星期一需要的天数。

- 子问题 3：给定日期加上所需天数，得到下一个星期一的日期。

接下来，通过预训练语言模型逐个解决这些子问题，并将结果串联起来。

输入

2023-04-15

输出

1. 子问题 1：2023 年 4 月 15 日是星期几？

模型预测：2023 年 4 月 15 日是星期六。

2. 子问题 2：星期六到下一个星期一需要多少天？

模型预测：星期六到下一个星期一需要 2 天。

3. 子问题 3：2023 年 4 月 15 日加 2 天是哪一天？

模型预测：2023 年 4 月 17 日。

通过链式思考，我们成功地计算出了给定日期的下一个星期一。

示例 2：计算两个城市之间的距离

任务：给定两个城市，计算它们之间的直线距离。

首先，可以将这个问题分解为以下子问题。

- 子问题 1：获取两个城市的经纬度。

- 子问题 2：根据经纬度计算两个城市之间的直线距离。

接下来，通过预训练语言模型逐个解决这些子问题，并将结果串联起来。

输入

纽约市，洛杉矶

输出

1. 子问题 1：纽约市和洛杉矶的经纬度分别是多少？

模型预测：纽约市的经纬度为（**40.7128° N, 74.0060° W**），洛杉矶的

经纬度为（**34.0522° N, 118.2437° W**）。

2. 子问题 2：根据经纬度计算纽约市和洛杉矶之间的直线距离。

模型预测：纽约市和洛杉矶之间的直线距离约为 **3930 公里**。

通过链式思考，我们成功地计算出了两个城市之间的直线距离。

示例 3：计算一个物体从高度 h 自由落体所需时间

任务：给定一个高度 h，计算物体自由落体所需时间。

首先，可以将这个问题分解为以下子问题。

● 子问题 1：确定自由落体的加速度。

● 子问题 2：使用物体自由落体公式计算所需时间。

接下来，通过预训练语言模型逐个解决这些子问题，并将结果串

联起来。

输入

高度 h = 45 米

输出

子问题 1：自由落体的加速度是多少？

模型预测：自由落体的加速度为 **9.81 米 / 秒²**。

子问题 2：使用物体自由落体公式计算所需 时间。

模型预测：物体自由落体所需时间约为 **3.03 秒**。

通过链式思考，我们成功地计算出了物体从高度 h 自由落体所需

时间。

6.3.3 总结

链式思考是一种强大且实用的解决问题策略，它可以帮助我们将

复杂问题分解为多个子问题，并通过预训练练语言模型逐个解决这些子问题，从而提高任务性能。然而，链式思考在面对一些高度复杂或需要多轮推理的问题时，可能会遇到挑战。此外，如何设计合适的问题分解和子问题序列，以及如何处理可能出现的错误传播，也是值得关注的方向。在实际项目中，我们可以尝试将链式思考与其他技术结合，如知识图谱、知识库等，以提高任务的解决效率和准确性。在未来的研究中，我们可以探索如何进一步优化链式思考策略，以应对更多的实际应用场景。希望本节能帮助大家更好地理解和应用链式思考技术，为实际项目带来更多价值。

6.4 自我一致性

自我一致性旨在提高链式思考中预测结果的准确性[①]。我们将首先介绍自我一致性的基本概念，然后通过一个详细的示例来展示如何应用自我一致性，最后进行总结。

6.4.1 自我一致性简介

自我一致性是一种改进链式思考提示中预测结果的技术，通过少样本 CoT 采样多个不同的推理路径，并使用生成结果选择最一致的答案。这种方法有助于提高 CoT 提示在涉及算术和常识推理任务中的性能。

6.4.2 自我一致性示例

为了更好地理解自我一致性，下面看一个详细的示例。

---

① SELF-CONSISTENCY IMPROVES CHAIN OF THOUGHT REASONING IN LANGUAGE MODELS,https://arxiv.org/pdf/2203.11171.pdf

示例：年龄推理

任务： 给定一个问题："当我 6 岁时，我的妹妹是我的一半年龄。现在我 70 岁了，我的妹妹多大？"使用自我一致性找到正确答案。

首先，我们使用少样本 CoT 采样多个不同的推理路径。为简化问题，我们将采样 3 个输出。

输入

> **Q：** 当我 **6** 岁时，我的妹妹是我的一半年龄。现在我 **70** 岁了，我的妹妹多大？

输出

> **输出 1：** 当我 6 岁时，我的妹妹是我的一半年龄，也就是 3 岁。现在我 70 岁了，所以她是 $70-3=67$（岁）。答案是 67。
>
> **输出 2：** 当叙述者 6 岁时，他的妹妹是他年龄的一半，也就是 3 岁。现在叙述者 70 岁了，他的妹妹应该是 $70-3=67$（岁）。答案是 67。
>
> **输出 3：** 当我 6 岁时，我的妹妹是我的一半年龄，也就是 3 岁。现在我 70 岁了，所以她是 $70/2=35$（岁）。答案是 35。

根据生成的结果，我们可以观察到答案 67 出现了两次，而答案 35 只出现了一次。因此，我们可以选择最一致的答案 67 作为最终结果。

> **最终答案：67**

6.4.3 总结

自我一致性是一种高级的提示工程技术，可以通过采样多个不同的推理路径，提高链式思考中预测结果的准确性。

6.5 生成知识提示

在许多任务中，大型语言模型（LLM）可能需要利用更多关于世界的知识来做出更准确的预测。生成知识提示是一种尝试在提供给模型的提示中包含更多相关信息的方法[①]。这种方法首先生成一些与问题相关的知识，然后将这些知识整合到提示中，以指导模型做出更准确的预测。下面将通过一个实际示例来演示这个过程。

生成知识提示流程示范如图 6-2 所示。

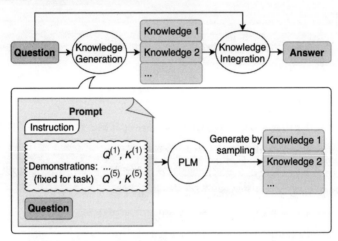

图 6-2

假设想要回答以下问题：

"高尔夫球的一部分是试图获得比其他人更高的得分。是或否？"

可以首先为这个问题生成一些相关知识。

知识 1：高尔夫球的目标是用最少的杆数将球打入球场上的一系列洞中。每个洞在标准高尔夫球场上一轮只打一次。总杆数用于确定比赛的获胜者。

知识 2：高尔夫球比赛中，得分是根据每个洞上所用的杆数计算出来的。每个杆计为一分，目标是完成比赛时得分最低。

---

① Generated Knowledge Prompting for Commonsense Reasoning,https://arxiv.org/pdf/2110.08387.pdf

接下来，可以将这些知识整合到提示中，以帮助模型更准确地回答问题。

提示

> 问题：高尔夫球的一部分是试图获得比其他人更高的得分。是或否？
>
> 知识1：高尔夫球的目标是用最少的杆数将球打入球场上的一系列洞中。总杆数用于确定比赛的获胜者。
>
> 知识2：高尔夫球比赛中，得分是根据每个洞上所用的杆数计算出来的。目标是完成比赛时得分最低。

通过使用这些知识，模型可以生成以下答案：

> 不是。高尔夫球的目标是用最少的杆数完成比赛，而不是获得比其他人更高的得分。实际上，得分最低的选手赢得比赛。

这个示例表明，通过生成并整合知识，我们可以帮助模型更准确地回答问题。生成知识提示方法在需要常识推理的任务中特别有帮助。然而，这种方法可能需要进一步的研究和改进，以在各种任务和领域中取得更好的效果。

6.6 更多提示工程高级技术

6.6.1 自动提示工程师

大型语言模型（LLM）在处理多种任务时表现出了令人印象深刻的通用计算能力。然而，任务性能在很大程度上取决于用于引导模型的提示质量。在 Yongchao Zhou 等的研究（2022）中 [1]，他们提出了一种名为自动提示工程师（APE）的方法，用于自动生成和选择任务指令。APE 的灵感来自经典的程序合成和人类提示工程方法。

---

[1] Large Language Models Are Human-Level Prompt Engineers,https://arxiv.org/abs/2211.01910

自动提示工程师方法流程示范如图 6-3 所示。

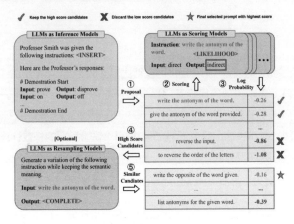

图 6-3

APE 方法将指令视为"程序",通过在一个由 LLM 生成的指令候选池中搜索来优化,以最大化所选得分函数。为了评估所选指令的质量,他们会将所选指令提供给另一个 LLM,并观察其在零样本任务中的性能。

在 24 个自然语言处理任务上的实验证明,APE 生成的指令明显优于之前的 LLM 基线,且在 19/24 个任务上达到或超过人工注释者生成的指令的性能。研究人员对 APE 的性能进行了广泛的定性和定量分析。

APE 方法的一个有趣应用是将其生成的提示用于引导模型朝着更真实、更具信息性的方向发展。此外,它还可以通过将提示添加到标准的上下文学习提示中来提高少样本学习性能。

总之,自动提示工程师(APE)为自动化提示生成和选择提供了一个有效的框架。这种方法有望在多种自然语言处理任务中提高大型语言模型的性能,同时减轻人工提示工程的工作负担。

6.6.2 方向性刺激提示

在 Zekun Li 等（2023）的研究中[①]，他们提出了一种名为方向性刺激提示的新框架，使用可调节的语言模型（LM）为下游任务中的黑盒冻结大型语言模型（LLM）提供指导。

方向性刺激提示示范如图 6-4 所示。

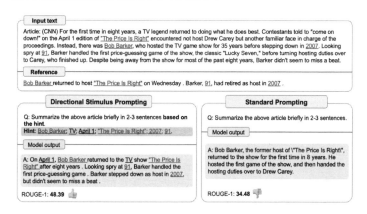

图 6-4

与先前手动或自动寻找每个任务的最佳提示的工作不同，方向性刺激提示框架通过训练一个策略 LM 来生成离散的输入方向刺激，如文摘任务中的关键词提示。这种方向性刺激随后与原始输入相结合，并输入到 LLM 中，以引导其生成朝着所需目标的内容。

策略 LM 可以通过两种方式进行训练：①从带注释数据的监督学习；②从离线和在线奖励的强化学习，以探索更符合人类偏好的方向刺激。该框架可以灵活地应用于各种语言模型和任务。

为验证其有效性，研究人员将方向性刺激提示框架应用于摘要生成和对话响应生成任务。实验结果表明，该框架可以在使用少量训练

---

① Guiding Large Language Models via Directional Stimulus Prompting,https://arxiv.org/abs/2302.11520

数据的情况下显著提高 LLM 的性能：使用 CNN/Daily Mail 数据集中的 2 000 个样本训练的 T5（780M）可以使 Codex（175B）的 ROUGE-Avg 分数提高 9.0%；而只需 80 个对话就可以将综合分数提高 39.7%，在 MultiWOZ 数据集上实现与部分完全训练模型相当甚至更好的性能。

总之，方向性刺激提示提供了一种有效的框架，可以利用可调节的策略 LM 为大型语言模型提供更有效的指导，从而在各种任务中提高其性能。

6.6.3　多模态思维链提示

Zhuosheng Zhang 等（2023）提出了一种名为多模态思维链提示（Multimodal-CoT）的方法[①]，将文本和视觉模态融合以提高大型语言模型（LLM）在复杂数理推理任务上的性能。与传统的仅关注语言模态的思维链提示方法不同，多模态思维链提示采用了两阶段框架，将理性生成与答案推断分离。

多模态思维链提示示范如图 6-5 所示。

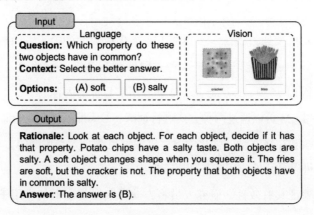

图 6-5

---

① Multimodal Chain-of-Thought Reasoning in Language Models，https://arxiv.org/abs/2302.00923

在多模态思维链提示框架中，第一阶段涉及基于多模态信息（文本和图像）的理性生成。这样产生的理性可以捕捉到更丰富的信息，从而为答案推断提供更好的支持。接下来的第二阶段是答案推断，利用生成的多模态理性信息为 LLM 提供更准确的指导。

Zhang 等（2023）在实验中展示了多模态 CoT 方法的有效性。具有不到 10 亿参数的多模态 CoT 模型在 ScienceQA 基准测试中的表现优于 GPT-3.5 模型，准确率从 75.17% 提高到 91.68%，甚至超过了人类的表现。

总之，多模态思维链提示方法为提示工程带来了一种创新的思路，将文本和视觉模态融合以提高大型语言模型在复杂数理推理任务上的性能。这种跨模态方法有望为未来研究提供新的方向，进一步提高 LLM 在多模态场景下的推理能力。

6.6.4　基于图的提示：GraphPrompt 框架

Zemin Liu 等（2023）提出了一种名为 GraphPrompt 的创新性预训练和提示框架 [1]，旨在为图神经网络（GNN）的下游任务提供统一的处理方法。图可以用于表示对象之间的复杂关系，为 Web 应用程序（如在线页面、文章分类和社交推荐）提供便利。尽管 GNN 已成为图表示学习的强大工具，但在端到端的有监督设置下，其性能仍然严重依赖于大量的任务特定监督。

基于图的提示流程示范如图 6-6 所示。

---

[1] GraphPrompt: Unifying Pre-Training and Downstream Tasks for Graph Neural Networks，https://arxiv.org/abs/2302.08043

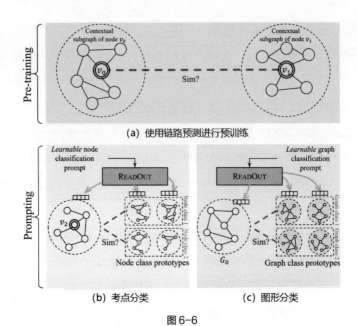

(a) 使用链路预测进行预训练

(b) 考点分类　　　　(c) 图形分类

图6-6

　　为降低标注要求，越来越多地采用了"预训练，微调"和"预训练，提示"的范式。特别是，在自然语言处理领域，提示作为一种流行的微调替代方法，旨在以任务特定的方式缩小预训练和下游目标之间的差距。然而，现有关于图上提示的研究仍然有限，缺乏一种通用的方法来适应不同的下游任务。

　　GraphPrompt 框架解决了这一问题，它不仅将预训练和下游任务统一到一个通用任务模板中，而且还采用了可学习的提示来协助下游任务以任务特定的方式从预训练模型中定位最相关的知识。这种方法使得 GraphPrompt 能够在不同的下游任务中更有效地适应和提高性能。

　　在五个公共数据集上进行了广泛的实验来评估和分析 GraphPrompt。实验结果表明，该框架在处理基于图的下游任务方面具有广泛的应用潜力和显著的性能提升。总之，GraphPrompt 为提示工程领域提供了一种基于图的全新方法，有望推动未来在图神经网络和多样化任务中的研究发展。

在本节中，我们探讨了多种提示工程技术，这些技术在不同的任务和领域中表现出显著的性能提升，证明了提示工程在引导大型语言模型中的重要性。通过这些方法，我们可以更好地利用预训练模型的能力，以更有效地解决各种实际问题。

值得注意的是，本节并未详细介绍所有的提示技术。实际上，随着研究的深入和技术的发展，未来可能会出现更多具有创新性和实用性的提示工程技术。这些新技术将进一步提高预训练模型的性能，拓宽在各种应用场景中的应用范围。因此，在今后的研究中，我们期待看到更多关于提示工程技术的探索和发展，以推动大型语言模型在多样化任务中取得更好的成果。

6.7　提示工程的评估方法

在提示工程技术中，评估方法的运用至关重要。本节将深入探讨模型评估的重要性、常见的模型评估指标、自动与人工评估的优缺点，以及如何实施有效的评估策略。

6.7.1　了解模型评估的重要性

模型评估是衡量模型性能和质量的关键环节。在 AI 和 NLP 的应用中，评估方法可以帮助我们识别模型在不同任务中的表现，从而优化模型、提高准确性和适用性。通过系统地评估模型性能，我们可以发现潜在的问题和挑战，为未来的研究和开发提供有益的参考。

6.7.2　常见的模型评估指标

在自然语言处理领域，常用的模型评估指标有准确率（accuracy）、精确率（precision）、召回率（recall）和 F1 分数（F1-score）。这些指标衡量了模型在分类任务中的性能。对于生成任务，常见的评估指标包括 BLEU、ROUGE 和 METEOR 等，它们主要衡量模型生成的文本与参考文本之间的相似度。

6.7.3　自动与人工评估的优缺点

自动评估方法通常基于算法，能够快速、客观地为大量数据提供评估结果。然而，自动评估方法可能无法捕捉到一些与语义相关的微妙差异，导致评估结果与实际表现存在偏差。

与自动评估相比，人工评估具有更高的准确性和可靠性，因为人类评估者能够理解语言的多样性和复杂性。但是，人工评估可能受到主观因素的影响，以及可能出现评估过程中的疲劳和注意力不集中等问题。此外，人工评估成本较高，耗时较长，可能不适合在大规模数据集上进行。

6.7.4　如何实施有效的评估策略

实施有效的评估策略需要考虑多种因素。以下是一些建议：

（1）确定适用的评估指标。根据不同任务的需求，选择合适的评估指标，以便准确地衡量模型性能。

（2）选择合适的评估方法。自动评估和人工评估各有优劣，需要根据实际需求和资源情况权衡利弊，选择适当的评估方法。在某些情况下，结合自动评估和人工评估的方法可能会更加有效。

（3）设计合适的评估数据集。确保评估数据集具有足够的样本数量和多样性，以便全面评估模型在各种情况下的表现。此外，测试集和训练集的划分应遵循严格的原则，避免数据泄漏导致的模型过拟合。

（4）关注模型的健壮性和可解释性。除了关注主要的评估指标，还需要考虑模型在面对不同类型的输入数据时的稳定性和健壮性。同时，对模型的可解释性进行评估有助于增加用户对模型的信任度，提高模型的可接受性。

（5）进行持续评估和监控。随着数据和场景的变化，模型可能会出现性能下降的现象。定期进行评估和监控，以便及时发现问题并进行优化。

（6）考虑多元化的评估指标。依赖单一评估指标可能会产生误导。为了全面评估模型的性能，可以考虑采用多个评估指标，并关注它们之间的权衡和平衡。

（7）借鉴其他领域的评估方法。在某些情况下，可以尝试从其他领域借鉴评估方法，以便更准确地评估模型性能。例如，在自然语言处理领域，可以参考计算机视觉领域的评估方法，如 AUC-ROC 曲线等。

总之，实施有效的评估策略是提示工程技术中的关键环节。通过综合考虑多种因素，选择合适的评估方法和指标，我们可以更准确地评估模型性能，为优化模型和改进技术提供有力支持。在实际操作中，要根据具体任务和场景灵活调整评估策略，确保模型能够满足用户的需求和期望。

6.8 定制与优化模型

在提示工程技术中，定制和优化模型是关键环节之一。本节将详细讨论模型微调的基本概念、微调的策略与技巧、如何利用迁移学习优化模型，以及定制模型以满足特定需求和场景。

6.8.1 了解模型微调的基本概念

模型微调是指在预训练模型的基础上，针对特定任务进行进一步训练，以提高模型在该任务上的性能。预训练模型通常在大规模数据集上进行训练，以学习通用的语言表示。通过微调，我们可以将预训练模型的通用知识应用于特定任务，从而减少训练时间和计算资源消耗。

6.8.2 微调的策略与技巧

在实施模型微调时，可以采用以下策略和技巧：

（1）学习率调整。选择合适的学习率对于微调过程至关重要。过高的学习率可能导致模型训练不稳定，而过低的学习率可能导致收敛速度过慢。实践中，可以采用学习率预热、学习率衰减等策略来动态调整学习率。

（2）权重初始化。合适的权重初始化可以帮助模型更快地收敛。在微调过程中，可以尝试使用预训练模型的权重作为初始值，或者采用特定的初始化策略，如 Xavier 初始化、He 初始化等。

（3）数据增强。数据增强是通过对原始数据进行变换，生成新的训练样本的方法。在微调过程中，可以使用数据增强技术增加训练数据的多样性，从而提高模型的泛化能力。

（4）正则化。为了避免过拟合，可以在微调过程中引入正则化项，如 L1 正则化、L2 正则化等。正则化可以降低模型复杂度，提高泛化性能。

（5）模型结构调整。根据特定任务的需求，可以对模型结构进行调整。例如，可以添加或删除层，调整层的大小，或者修改激活函数等。

6.8.3 如何利用迁移学习优化模型

迁移学习是一种将在源任务上学到的知识应用于目标任务的方法。

在自然语言处理领域，迁移学习可以帮助我们利用预训练模型的通用知识，从而在目标任务上获得更好的性能。以下是利用迁移学习优化模型的一些建议：

（1）选择合适的预训练模型。在迁移学习中，选择与目标任务相关的预训练模型非常重要。例如，对于自然语言处理任务，可以选择BERT、GPT等预训练模型作为基础。

（2）适当地调整模型结构。为了使预训练模型适应目标任务，可以对模型结构进行适当的调整。例如，可以在预训练模型的顶部添加任务相关的输出层，或者修改激活函数等。

（3）微调预训练模型。使用目标任务的训练数据对预训练模型进行微调，以便模型能够学习任务相关的知识。在微调过程中，需要关注学习率、权重初始化等因素，确保模型能够在目标任务上取得良好的性能。

（4）在线学习和增量学习。在某些情况下，可以利用在线学习或增量学习方法，使模型能够实时适应新的数据。这种方法可以帮助模型在面对数据分布变化时保持高水平的性能。

6.8.4　定制模型以满足特定需求和场景

在实际应用中，可能需要根据特定需求和场景定制模型。以下是一些建议：

（1）了解业务需求。首先需要深入了解业务需求和场景，确保模型能够满足实际应用的要求。

（2）选择适合的模型结构和参数。根据业务需求和场景，可以调整模型的结构和参数，以优化模型性能。例如，可以根据任务的复杂程度调整模型的层数、神经元数量等。

（3）设计特定的输入/输出。根据业务场景，可以设计特定的输入/输出格式，以便模型能够更好地理解和生成与任务相关的信息。

（4）集成多模态信息。在某些场景下，可能需要处理多模态信息，如文本、图像、音频等。可以考虑将多模态信息融合到模型中，以提高模型的性能。

（5）考虑实时性和资源限制。在实际应用中，需要关注模型的实时性和资源限制。根据具体需求，可以优化模型的计算复杂度，降低运行时间和资源消耗。

总之，在提示工程技术中，定制和优化模型是关键环节。通过深入了解业务需求和场景、选择适合的模型结构和参数、设计特定的输入/输出格式、集成多模态信息，以及考虑实时性和资源限制等方面的调整，可以有效地满足特定需求和场景，从而为用户提供更加优质、高效的 AI 解决方案。在实际应用中，通过不断地尝试和优化，可以找到适合特定任务和场景的最佳模型定制方案，从而最大化地发挥 AI 技术的潜力。

6.9　OpenAI Playground 参数设置

OpenAI Playground 是一个在线平台，允许用户与 OpenAI 的大型语言模型（如 ChatGPT）进行实时交互。通过使用 Playground，你可以实验不同的提示和设置参数，以便更好地了解模型的功能和性能。

在 OpenAI Playground 中，如图 6-7 所示，你可以尝试各种提示技术并直接与模型进行交互。API 调用允许你将模型嵌入到你的应用程序中，并在实际场景中应用提示工程技术。最终，这些技术可帮助你获得更准确、相关和高质量的回答，以满足你的特定需求。

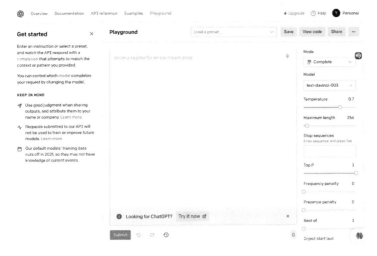

图 6-7

本节将详细介绍 OpenAI Playground 的设置参数，并提供一些实用技巧，以帮助你更有效地利用该平台。

6.9.1 基本参数设置

在 OpenAI Playground 中，你可以调整一些基本设置参数以定制与 ChatGPT 的交互体验。以下是一些常用的基本设置参数：

（1）模型选择。OpenAI Playground 支持多种大型语言模型，包括 GPT 系列。根据你的需求和应用场景，可以选择相应的模型版本。在选择模型时，请注意不同版本的性能和特性可能有所不同。

（2）提示。提示是你向模型提供的输入文本。你可以在此处输入问题、指令或任何想要与模型交流的内容。模型会根据提示生成回答。

6.9.2 高级参数设置

除了基本设置参数外，OpenAI Playground 还提供了一些高级参数，以便你更精细地控制与 ChatGPT 的交互过程。以下是一些常用的高级设置参数：

（1）最大令牌数（Max Tokens）。最大令牌数设置限制了模型生成回答的长度。令牌（Token）是模型处理文本时的基本单位，通常是一个单词或字符。设置较低的最大令牌数可以让回答更简洁，而较高的最大令牌数则可能导致更详细的回答。请注意，较长的回答可能会增加模型的计算成本。

（2）温度（Temperature）。温度是一个控制模型生成回答多样性的参数。较高的温度（如0.8）会让模型生成更多样化、富有创意的回答，而较低的温度（如0.2）则会让回答更加保守、确定。你可以根据需要调整温度，以找到最适合你应用场景的设置。

（3）采样次数（Number of Samples）。采样次数是模型为给定的提示生成不同回答的次数。通过增加采样次数，你可以让模型为同一提示生成多个回答。然后，你可以从中选择最符合你需求的回答。请注意，增加采样次数会增加模型的计算成本。

（4）顶部p抽样（Top-p Sampling）。顶部p抽样是一种控制生成文本多样性的方法。它会从模型评分最高的一组令牌中随机抽取一个令牌，这组令牌的累积概率大于或等于设定的p值。较高的p值（如0.9）会导致更多样化的输出，而较低的p值（如0.5）会让输出更加集中和确定。这个参数可以与温度一起使用，以进一步控制输出多样性。

（5）预处理器（Preprocessing）。预处理器可以对输入文本进行处理，以便更好地适应模型。例如，你可以设置预处理器以自动将输入文本翻译成模型所理解的语言。你还可以使用预处理器来纠正输入文本中的错误、调整文本格式等。通过定制预处理器，你可以实现更高效、更准确的模型交互。

（6）后处理器（Postprocessing）。后处理器是在模型生成输出后对其进行处理的工具。你可以使用后处理器对输出进行筛选、排序、合并等操作，以提高输出的质量和实用性。例如，你可以设置后处理器来去除生成的回答中的重复内容，或将多个回答整合成一个更完整的回答。通过定制后处理器，你可以让模型的输出更符合你的需求。

6.9.3　实用技巧与建议

在使用 OpenAI Playground 时，以下一些技巧和建议可能会对你有所帮助：

（1）逐步调整参数。在寻找最佳设置参数时，建议你逐步进行调整。首先，尝试使用默认设置与模型进行交互。然后，根据回答的质量和满意度，逐个调整参数，以找到最适合你需求的设置。

（2）多次尝试同一提示。由于模型生成回答具有一定的随机性，针对同一提示，你可能会得到不同的回答。因此，在评估模型的性能和效果时，建议你多次尝试同一提示，并观察回答的变化。

（3）结合实际应用场景。在调整设置参数时，建议你结合实际应用场景进行考虑。例如，在需要准确信息的场景下，你可能需要设置较低的温度以获得更确定的回答；而在创意写作或头脑风暴等场景中，较高的温度可能会带来更有趣和独特的想法。

（4）理解模型选择。OpenAI Playground 允许你选择不同的模型，如 ChatGPT、Codex 等。每个模型都有自己独特的功能和优势。例如，ChatGPT 是一个擅长处理自然语言任务的模型，而 Codex 是专为编程任务设计的。在 Playground 中，你可以根据你的需求选择合适的模型。

（5）使用系统消息与模型互动。Playground 还提供了一种名为系统消息（System Message）的交互方式。通过在对话中加入系统消息，你可以为模型提供背景信息和指导。系统消息在模型的上下文中提供了额外的信息，帮助模型更好地理解你的需求。例如，可以添加如下系统消息：

```
{
  "role": "system",
  "content": "You are an assistant that speaks like Shakespeare."
}
```

这将指导模型以莎士比亚式的语言风格回答问题。这样，当你提问时，模型将根据系统消息的要求生成符合要求的回答。

（6）查看并复制 JSON 响应。OpenAI Playground 为每个生成的回答提供了一个 JSON 响应。这个响应包含了模型生成的所有信息，包括角色、内容、时间戳等。你可以通过单击 Playground 中的"JSON"按钮查看完整的 JSON 响应。此外，你还可以将 JSON 响应复制到剪贴板，以便在其他应用程序中使用或进行分析。

（7）保存与分享你的实验。Playground 还允许你保存和分享你的实验。通过单击"保存"按钮，你可以将当前的实验保存到你的 OpenAI 账户。此外，你可以单击"分享"按钮生成一个特殊的分享链接，将你的实验与其他人共享。这使得你可以与团队成员或朋友共享有趣的发现，或寻求他们的帮助和建议。

（8）导出代码。对于希望将生成的回答应用到其他应用程序中的用户，Playground 提供了一个"导出代码"功能。通过单击"导出代码"按钮，你可以获得一段可直接在你的应用程序中使用的 Python 代码。这使得将 Playground 的实验结果应用到实际项目中变得非常简单。

结语：OpenAI Playground 是一个强大的工具，可以帮助你充分利用 ChatGPT 等大型语言模型。通过熟练掌握 Playground 的各种功能和使用技巧，你将能够与模型进行高效、愉快的交流。请务必参考官方文档以获取最新的设置参数和使用指南。

6.10　OpenAI API 进行提示工程实践

本节将探讨在使用 OpenAI API 中的 GPT-3 和 Codex 模型时，如何有效地提供清晰的指令，以实现任务目标。

注意："{text input here}"是实际文本/上下文的占位符。

6.10.1　选择最新的模型版本

为了获取最佳效果，通常推荐使用性能最好的最新模型。例如，截止到 2022 年 11 月，文本生成的推荐模型是 text-davinci-003，代码生成的推荐模型是 code-davinci-002。

6.10.2　合适的提示结构

将指令放置在提示的开头，并用 ### 或 """ 与上下文分隔。

效果不佳 ×:

> {text input here}
> **Summarize the text as a bullet point list of the most important points.**

效果更好 ✓:

> **Summarize the text below as a bullet point list of the most important points.**
>
> **Text: """**
> {text input here}
> **"""**

6.10.3　尽可能具体描述

尽可能具体、描述性强且详细地说明所需的上下文、结果、长度、格式、风格等，关于上下文、结果、长度、格式、风格等方面要具体明确。

效果不佳 ✕:

> Write a poem about AI company.

效果更好 ✓:

> Write a short inspiring poem about AI company, focusing on the recent innovation in machine learning, in the style of a {famous poet}

6.10.4 提供示例

通过示例阐述期望的输出格式。

效果不佳 ✕:

> Extract the entities mentioned in the text below. Extract the following 4 entity types: company names, people names, specific topics and themes.
>
> Text: {text}

展示与讲述:当向模型展示具体格式要求时,模型的反应更好。这也使得可靠地以编程方式解析多个输出变得更容易。

效果更好 ✓:

> Extract the important entities mentioned in the text below. First extract all company names, then extract all people names, then extract specific topics which fit the content and finally extract general overarching themes
>
> Desired format:
> Company names:
> People names: -||-
> Specific topics: -||-
> General themes: -||-
>
> Text: {text}

6.10.5　提示的步骤

从零样本（Zero-Shot）开始，然后尝试少样本（Few-Shot），如果都不行，再进行微调。

零样本

Extract keywords from the below text.

Text: {text}

Keywords:

少样本

Extract keywords from the corresponding texts below.

Text 1: TechCorp provides APIs that web developers can use to integrate payment processing into their websites and mobile applications.

Keywords 1: TechCorp, payment processing, APIs, web developers, websites, mobile applications

##

Text 2: AICompany has trained cutting-edge language models that are very good at understanding and generating text. Our API provides access to these models and can be used to solve virtually any task that involves processing language.

Keywords 2: AICompany, language models, text processing, API.

##

Text 3: {text}

Keywords 3:

6.10.6　减少不精确的描述

减少"模糊"和不精确的描述。

效果不佳 ×：

> The description for this product should be fairly short, a few sentences only, and not too much more.

效果更好 ✓：

> Use a 3 to 5 sentence paragraph to describe this product.

6.10.7　不要做什么、要做什么

不仅要说不要做什么，还要说应该做什么。

效果不佳 ×：

> The following is a conversation between an Agent and a Customer. DO NOT ASK USERNAME OR PASSWORD. DO NOT REPEAT.
>
> Customer: I can't log in to my account.
>
> Agent:

效果更好 ✓：

> The following is a conversation between an Agent and a Customer. The agent will attempt to diagnose the problem and suggest a solution, whilst refraining from asking any questions related to PII. Instead of asking for PII, such as username or password, refer the user to the help article www. samplewebsite.com/help/faq
>
> Customer: I can't log in to my account.
>
> Agent:

6.10.8　特定词引导输出

代码生成特定：使用"前导词"引导模型生成特定模式。

效果不佳 ×：

```
# Write a simple python function that
# 1. Ask me for a number in mile
# 2. It converts miles to kilometers
```

在下面的代码示例中，添加"import"提示模型应该开始用 Python 编写代码。类似地，"SELECT"是 SQL 语句开头的好提示。

效果更好 ✓：

```
# Write a simple python function that
# 1. Ask me for a number in distance unit
# 2. It converts distance unit to another unit

import
```

第 7 章 ————————————————————

实用资源

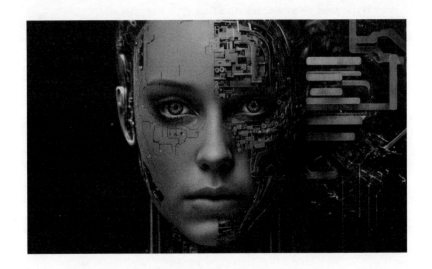

7.1　ChatGPT 在不同领域中的实际应用

　　作为一名科技领域的作家和人工智能研究者，我一直被 ChatGPT 的强大能力和广泛应用所吸引。这款人工智能语言模型已经走进了我们生活的方方面面，成为许多人日常工作、学习和娱乐的得力助手。下面深入探讨 ChatGPT 在不同领域中的实际应用，并分享一些新奇有趣的案例，以帮助大家充分利用 ChatGPT 的优势，提升与 AI 的交流效率。

1. 教育领域：辅助学习与知识解答

在教育领域，ChatGPT 的问答能力得到了充分发挥。学生们可以向 ChatGPT 提出各类问题，如数学公式求解、历史事件解析、语言学习疑问等。ChatGPT 不仅能迅速给出准确答案，还能根据学生的需求提供详细的解释和示例。

案例

某中学生向 ChatGPT 请教数学题目："解释一下勾股定理，并给我一个实际应用的例子。"ChatGPT 详细解释了勾股定理的原理，并通过测量梯子与墙壁的距离来计算梯子的长度，作为实际应用案例。

2. 写作创作：内容生成与文本优化

ChatGPT 在写作创作中也发挥了重要作用。作家、编辑、学术研究者等用户可以使用 ChatGPT 生成文章、撰写摘要、优化语句、校对文本等。

案例

某科幻小说作者在创作过程中遇到了灵感枯竭的困境，于是向 ChatGPT 提出："请为我编写一个未来城市的描述段落。"ChatGPT 以富有想象力的方式描述了一个未来智慧城市，其中包含了无人驾驶汽车、智能建筑、虚拟现实公园等元素，作者深受启发。

3. 医疗健康：疾病诊断与健康咨询

医疗健康领域也是 ChatGPT 的应用重点之一。患者可以通过 ChatGPT 了解疾病症状、获取健康建议、查询药物信息等。当然，ChatGPT 并非医生，它提供的医疗信息只能作为参考，重要的医疗决策仍需由专业医生来做。

案例

一位用户担心自己可能患上了感冒，于是向 ChatGPT 询问："我喉咙痛、流鼻涕，可能是感冒吗？我应该怎么办？"ChatGPT 根据用户描述的症状判断可能是感冒，并给出了一些建议，如多喝温水、休息充足、注意保暖，并提示用户如症状加重或持续较长时间，应及时就医。

4. 商业领域：市场分析与客户服务

在商业领域，ChatGPT 可以协助企业进行市场分析、竞品对比、品牌定位等工作。此外，ChatGPT 也可作为智能客服，帮助企业解答客户咨询、处理售后问题、提升客户满意度。

案例

一家新创公司计划推出一款智能手表产品，团队成员希望了解竞品的特点。他们向 ChatGPT 提问："请简述当前市场上主流智能手表的特点与优势。"ChatGPT 回答了各大品牌智能手表的特点，并针对健康监测、支付功能、语音助手等方面进行了分析，帮助团队做出更明智的决策。

5. 娱乐与生活：艺术创作与日常辅助

ChatGPT 在娱乐与生活领域同样活跃。无论音乐作曲、绘画创作、菜谱推荐，还是日程管理、购物建议，ChatGPT 都能提供有趣实用的帮助。

案例

一位艺术爱好者希望尝试抽象绘画，向 ChatGPT 请教："请教一下，如何进行抽象绘画的创作？"ChatGPT 以简单易懂的方式介绍了抽象绘画的基本概念，并提出了一些绘画技巧和建议，鼓励用户自由发挥想象力，创作独一无二的艺术作品。

小结： ChatGPT 以其强大的语言理解和生成能力，在教育、写作、医疗、商业、娱乐等多个领域都有广泛应用。

7.2 Tiwen.app: 快速实践与对话

为了更方便地学习和实践"学习",作者专门做了一个网站——https://www.tiwen.app/ ,中文可以叫 tiwen.app,也就是提问应用,一款免费的 ChatGPT 网页应用、智能聊天工具,支持 GPT3.5 等模型,国内网络直连可用。

图 7-1 所示为 Tiwen.app 上让 ChatGPT 充当一个 Excel 工作表。

主要特点:

(1)精心设计的 UI,响应式设计,支持深色模式。

(2)极快的首屏加载速度。

(3)海量的内置提示词列表,来自中文和英文,只要在聊天框输入内容,系统会自动匹配潜在的提示词。就算你不知道问什么问题,它都为你想好了可以有哪些问题。功能强大,想要的功能都有。

(4)一键导出聊天记录,完整的 Markdown 支持。

图 7-1

作为一款对接了 ChatGPT API 的 AI 聊天应用，它潜在的功能可以说无限多，在这里罗列一些。

（1）提高效率方面：写日报、周报、Email、Swot、OKR、短视频脚本、旅游计划、文本优化、道歉文、阅读理解。

（2）营销方面：小红书文案、小红书标题、大众点评 / 美团文案、淘宝京东文案、节日祝福、知乎问答、朋友圈营销、直播带货脚本、商品卖点、商品使用场景、电商营销文案、推品手卡文案、推品笔记文案、商品痛点文案、公众号文章等。

（3）角色扮演方面：佛陀、助理、医生、诗人、健身教练、程序员、厨师等。

（4）娱乐方面：哄女友帮助、单身狗分析、Emoji 翻译、AI 解梦、高情商回复、甩锅助手、夸夸助手、吵架助手、宝宝起名等。

不过为了防止 API key 滥用，作者设置了访问码，输入访问码即可使用，但需要联系作者，微信：iamsujiang，作者的 API key 额度有限，希望大家不要滥用。

7.3 提升工作效率：沉淀提示词模板

优质的提示词在工作流程中可以极大地提高效率，本小节将详细介绍如何将 ChatGPT 运用于日常工作，并通过实例进行解释。

从一个宏观的视角，我们可以分为两个阶段：

- 基于工作流程的 AI 提效
- 基于 AI 的流程优化

我们将重点关注基于工作流程的 AI 提效这一阶段，分四个步骤展开。

案例背景：假设你是一家软件开发公司的项目经理，负责监督一个移动应用开发项目。

1. 明确工作场景

首先，需要明确工作场景。借助 WBS（工作分解结构）技术，将整个项目分解为若干个子模块。例如，你可以将项目分为以下几个部分：需求分析、设计、编码、测试和部署。

2. 厘清工作流程

在明确了工作场景后，针对每个子模块，需要梳理出标准操作程序（SOP）。这有助于确保工作流程的顺利进行，减少错误和遗漏。例如，在需求分析阶段，SOP 可能包括收集需求、整理需求、编写需求文档等步骤。

3. 识别问题类型

在 SOP 中，需要识别各个环节中可能出现的问题。评估解决这些问题时重复劳动的占比。例如，在编写需求文档时，可能会遇到类似的问题，如如何描述某个功能模块、如何明确模块之间的关系等。这些问题往往需要进行大量的重复劳动，而使用 ChatGPT 可以显著提高解决这类问题的效率。

4. 积累提示模板

在实践中不断积累和沉淀针对特定问题类型的提示模板。当再次遇到类似问题时，只需替换关键词即可，从而节省时间，提高效率。例如，在编写需求文档时，你可以创建一个描述功能模块的通用模板，如下：

```
功能模块: {模块名称}
目的: {模块目的}
主要功能:
 1. {功能 1}
 2. {功能 2}
 ……
输入: {输入数据}
```

输出：{ 输出数据 }
与其他模块的关系：{ 关系描述 }

本小节流程图如图7-2所示。

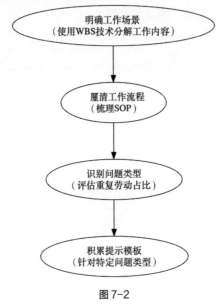

图7-2

当需要描述一个新的功能模块时，只需替换相应的关键词，即可快速生成需求文档中的相关内容。

通过遵循这个流程，你可以更好地利用ChatGPT来提高你在工作中的效率。在掌握了基于工作流程的AI提效这一阶段后，你可以尝试将AI更深入地融入项目管理过程。例如：

（1）使用ChatGPT协助你处理项目沟通，如撰写项目进度报告、发送邮件等。

（2）利用ChatGPT生成代码片段，辅助开发人员更快地编写代码。

（3）使用ChatGPT进行故障诊断，帮助测试人员快速定位问题。

（4）结合ChatGPT提出优化建议，帮助团队改进现有流程。

总之，在日常工作中充分利用 ChatGPT 的强大功能，可以极大地提高工作效率，节省时间和资源。

7.4　流程自动化：基于提示词模板的企业流程实践

在上一节中，我们探讨了如何通过创建企业提示词模板来推动企业流程的标准化。为了将这种理论付诸实践，我们建立了一个名为"AI企业解决方案"的网站，网址是：https://qiye.tiwen.app/，如图 7-3 和图 7-4 所示。

让我们构想这样一种场景，一家智能硬件制造商收到了一份采购订单，销售部门于是需要制作一份销售订单以备存档。销售人员可以通过在公司的企业系统中以口语化的方式输入信息，如图 7-5 所示。这样，便可利用 AI 系统生成标准化的订单模板。

图 7-3

图 7-4

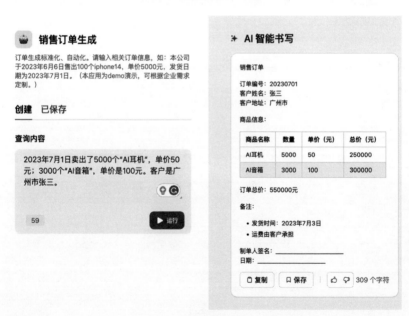

图 7-5

此外,当生产制造部门接到订单信息后,可以制作一份生产计划单。相关人员将必要信息输入到"生产计划"应用中,如图 7-6 和图 7-7 所展示的那样。

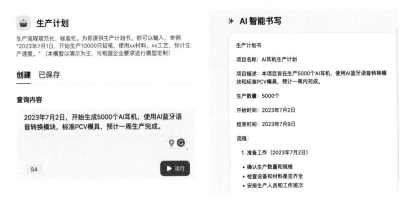

图 7-6

图 7-7

同时,质量管理部门可以根据订单信息制定一份质量控制文档,如图 7-8 和图 7-9 所示。

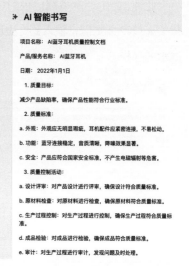

图 7-8

图 7-9

产品研发部门则可以制定相关的产品使用说明书，如图 7-10 ~ 图 7-12 所示。

产品使用说明书

协助你写专业、详细的产品使用说明书,你可以输入贵司产品的相关信息。(AI起稿,需专业人士把关内容)

创建 已保存

查询内容

AI蓝牙耳机

6　　　　　　　　　　　　▶ 运行

✦ **AI智能书写**

封面:
AI蓝牙耳机
品牌:SmartEar
型号:SE-100

版权和安全信息:
本产品受到版权保护。未经授权,任何人不得复制或传播本说明书的任何部分。
警告:请勿在驾驶或操作机器时使用本产品,以免影响您的安全。
安全预防措施:请勿将本产品暴露于高温、潮湿或极端环境中。

目录:
1. 产品概述
2. 包装清单
3. 安装和设置指南
4. 使用说明
5. 维护和清洁指南
6. 故障排除
7. 保修信息
8. 联系信息
9. 产品概述:
　 AI蓝牙耳机是一款智能化的无线耳机,可以通过蓝牙连接手机、平板电脑等设备,实现音乐播放、电话通话等功能。该耳机还配备了人工智能语音助手,可以通过语音指令控制音乐播放、电话接听等操作。

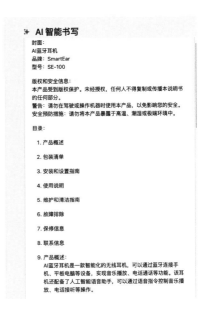

图 7-10

产品使用说明书

协助你写专业、详细的产品使用说明书,你可以输入贵司产品的相关信息。(AI起稿,需专业人士把关内容)

创建 已保存

查询内容

AI蓝牙耳机

6　　　　　　　　　　　　▶ 运行

✦ **AI智能书写**

主要特性:

• 支持蓝牙5.0协议,稳定连接;
• 配备人工智能语音助手;
• 支持高清音质;
• 内置麦克风,支持免提通话;
• 轻便、舒适的设计,适合长时间佩戴。

规格:

• 蓝牙版本: 5.0
• 支持协议: A2DP, AVRCP, HSP, HFP
• 工作距离: 10米
• 电池容量: 60mAh(单耳)
• 充电时间: 1小时
• 播放时间: 4小时

2. 包装清单:

• AI蓝牙耳机 x 1
• 充电盒 x 1
• USB充电线 x 1
• 使用说明书 x 1

3. 安装和设置指南:
　 步骤一: 打开充电盒,将AI蓝牙耳机放入充电盒中进行充电。
　 步骤二: 在手机或其他设备上打开蓝牙,并搜索可用设备。
　 步骤三: 选择"SmartEar SE-100"进行连接。
　 步骤四: 连接成功后即可开始使用。

图 7-11

图 7-12

通过详细拆解企业的各项流程,可以创建一系列被细分的"AI 微应用",从而极大地提升企业运营的便利性。其中的优势包括:

- 流程标准化:与人工编写的文档相比,AI 微应用减少了个性化和主观性,更有助于职位的可替代性,因为它们遵循固定的标准和模式。

- AI 输出可控:通过调试提示词的参数,可以调整 AI 的表达方式和文档结构,从而在一定程度上控制 AI 的输出质量。

- 避免重复书写提示词:如果没有一套统一的 AI 系统,员工每次使用 AI 时可能会使用不同的提示词,这可能导致结果的大幅偏差。相反,一套经过充分调试、能够满足需求的提示词,可以反复利用。

- "提示词"作为企业资产保存:企业数据已经是一种资产,而现在,经过精心设计的企业提示词也可以被视为一种重要的虚拟资产,为企业创造价值。

- 模型私有化：了解风险，保护好企业数据。
- 获得更高的智能支持：可以接入 GPT-4 等最新最强智能接口。
- 流程自动化：一旦企业流程被建立和标准化，我们可以使用 RPA （Robotic Process Automation）等工具实现流程的自动执行，大大减少人工的重复性工作，提升工作效率。

通过上述的讨论可以看到，AI 在企业运营中的应用带来了诸多益处。细分的 AI 微应用不仅能够推动企业流程的标准化，也使得企业的运营更为便捷和高效。各种 AI 解决方案的使用，如模型私有化、提示词的资产化、流程自动化等，都能够帮助企业实现更高效的运营，提高企业的竞争力。

7.5　ChatGPT 资源与工具推荐

AI 时代的提问之道，不仅要掌握有效的提问技巧，更要积累实践经验。而 ChatGPT 作为 AI 领域的明星产品，提供了一个极佳的实践平台。本小节将为大家推荐一些学习与实践 ChatGPT 的资源与工具，希望能帮助大家更好地掌握与 AI 对话的技能，同时享受到 ChatGPT 带来的智能乐趣。

首先，我想推荐一个学习平台——OpenAI 官方网站（https://www.openai.com/）。OpenAI 是 ChatGPT 的开发团队，官网上有丰富的学习资源，包括 API 文档、技术博客和应用案例。这里不仅能让你了解 ChatGPT 的基本用法，还能探索到一些高级技巧，如多轮对话设计和特定场景下的 Prompt 优化。

当然，实践是最好的学习方式。我想推荐给大家一个实用工具——ChatGPT Playground（https://playground.openai.com/）。在这个在线平台上，你可以自由地与 ChatGPT 互动，设计各类 Prompt，观察 AI 的回答。

不妨挑战一些有趣的任务，如编写诗歌、生成故事、解决数学题，甚至和 ChatGPT 玩文字游戏。这里的实践不仅能提升你的提问技巧，还能给你带来不少乐趣。

除此之外，OpenAI Cookbook（https://github.com/openai/openai-cookbook）提供了大量指南和示例，包括 API 使用、ChatGPT、GPT、文本嵌入、GPT-3 微调、DALL-E、Azure OpenAI（微软 Azure 提供的替代 API）以及应用程序等内容。这些指南和示例涵盖了与 OpenAI API 相关的各种主题和任务，旨在帮助用户更好地利用 OpenAI 的技术。

除了 OpenAI 的官网，作者也准备了一些实用网站。

（1）苏江的博客：https://sujiang.blog/。苏江的博客分享了大量的 AI 相关文章，其中涵盖了 ChatGPT 的实际应用、Prompt 编写技巧以及多轮对话设计等内容。博客中的文章深入浅出、案例丰富，无论你是初学者还是有一定经验的开发者，都能在这里找到合适的学习材料。

（2）AI 手册：http://aishouce.com/。AI 手册是一个 AI 工具导航网站，提供了各类人工智能工具的分类导航和使用链接。在这里，你可以快速了解到各类 AI 工具的功能和用途，从而更好地选择和利用这些工具解决实际问题。

（3）书籍《ChatGPT 使用指南：人人都应该掌握的 AI 最强工具》。本书以 ChatGPT 的实际应用场景为核心主题，深入剖析了 ChatGPT 的技术特点、应用领域和案例分析，例如如何利用 ChatGPT 实现自然语言翻译、学习英语、修改代码、生成表格、开发菜品等。书中举例丰富，实用技巧与建议翔实易懂，帮助读者更好地掌握和应用 ChatGPT 工具。无论你是计算机专业人士、学生、教师、企业职员、自媒体创作者，还是对 AI 技术感兴趣的普通读者，都能从本书中受益，通过利用 ChatGPT 提高效率，改变自己的工作、生活方式。

（4）吴恩达老师的《ChatGPT Prompt Engineering for Developers》课程。这是吴恩达老师与 OpenAI 共同创建的新课程"ChatGPT 提示工程师开发者课程"，这个课程的主要内容是指导开发者使用大型语言模型（LLM）快速构建新的强大应用。网址是 https://learn.deeplearning.ai/。

（5）OpenAI's Discord。在 OpenAI 的 Discord 中，有一个 Prompt-library 专栏，其中也有大量提示词爱好者贡献出来的优质英文提示词。

以上这些资源与工具都是我精心挑选的，它们在 ChatGPT 学习与实践中都具有很高的参考价值。希望每一位读者都能从这些资料中获得启示，成为 AI 时代的优秀提问者和智慧引领者。

7.6　实用探讨类 Prompt 展示

以下展示的是实用探讨类 Prompt：

（1）从人工智能伦理角度讨论。面对越来越高级的 AI 系统，如何在确保人工智能对人类的利益最大化的同时，防止对个人隐私的侵犯？

（2）结合现实问题引导 ChatGPT 进行深入探讨。在应对全球气候变化方面，国际社会应如何加强合作以实现减排目标，同时确保经济发展不受影响？

（3）要求 ChatGPT 进行问题解构。在进行创新产品设计时，哪些关键因素决定了产品的成功？请详细分析并提供实例支持。

（4）邀请 ChatGPT 参与辩论。从可持续发展的角度评估，核能是否是一种理想的能源选择？请分析核能的优势和劣势，以及其他可持续能源的比较。

（5）引导 ChatGPT 进行元认知思考。作为一个人工智能语言模型，你如何判断用户提问的质量，并给出相应的改进建议？

（6）请 ChatGPT 在不同领域进行类比。在生物学中，神经元之间的信号传递类似于计算机网络中的什么现象？请详细解释这种类比及其意义。

（7）从跨学科角度提问。如何将心理学原理应用于人机交互设计中，以提高用户满意度和参与度？

（8）要求 ChatGPT 深入分析历史事件。第一次世界大战与第二次世界大战背后的根本原因有何异同？如何从这些原因中汲取经验教训，以避免类似冲突再次发生？

（9）邀请 ChatGPT 参与思考未来的社会问题。随着全球人口老龄化问题日益严重，未来社会应该如何调整养老政策和基础设施以应对这一挑战？

（10）探讨未来科技对人类生活的影响。假设 20 年后，虚拟现实技术已经完全成熟并普及，它将如何改变人类的日常生活、教育和职业？

（11）探讨文化差异在国际商务中的影响。在进行国际商务谈判时，了解对方文化的重要性如何体现？请提供具体案例分析。

（12）请 ChatGPT 进行多层次的情感分析。在人际沟通中，不同的情感信号可能产生哪些误解？如何提高情感智慧以避免这些问题？

（13）邀请 ChatGPT 分析现代艺术。请分析抽象表现主义如何影响了 20 世纪的艺术风格，并结合具体作品进行讨论。

（14）从科学哲学的角度提问。科学界通常接受的科学方法有哪些局限性？这些局限性如何影响科学知识的发展？

（15）要求 ChatGPT 对社会现象进行深度剖析。社交媒体过度使用对青少年心理健康有何影响？家长和教育者如何帮助青少年建立健康的社交媒体使用习惯？

（16）从全球视野探讨教育问题。面对全球范围内的教育不平等问题，政府和国际组织应该采取哪些措施以提高教育质量和覆盖率？

（17）请 ChatGPT 分析政治制度。请比较民主制度和集权制度在应对社会问题时的优劣势，并结合具体国家案例进行分析。

（18）邀请 ChatGPT 预测未来医疗科技的发展。未来十年，医疗领域可能出现哪些重大科技突破？这些突破将如何改变人类的医疗体验？

（19）要求 ChatGPT 分析经济现象。在全球经济一体化的背景下，国际贸易中的比较优势理论如何影响各国经济政策的制定？

（20）请 ChatGPT 探讨人工智能与创意产业的融合。人工智能如何在创意产业中发挥作用，促进艺术和创意的创新？

7.7 实用工作类 Prompt 展示

以下展示的是实用工作类 Prompt：

（1）写作技巧——叙述性写作。请通过一个引人入胜的故事，描述一位年轻创业者如何克服困难，最终实现了自己的梦想。注意在故事中设置情节高潮和转折点。

（2）市场营销——活动策划。请设计一场线上产品发布活动，包括活动流程、主题、亮点和宣传策略。同时，考虑如何将直播、社交媒体和内容营销相结合，以提高活动的观众参与度。

（3）抖音脚本文案——教学类短视频。请为一则讲解高效时间管理技巧的抖音短视频撰写脚本。确保在短时间内传达核心信息，并使用生动的例子来吸引观众。

（4）邮件写作——客户关系管理。请撰写一封向长期客户推介新产品的邮件。在邮件中，强调产品的优势和客户可能感兴趣的特点，同时保持友好的语气以维护良好的客户关系。

（5）分析报告——市场趋势。请为一篇关于虚拟现实技术在教育领域应用的市场趋势报告撰写提纲，包括引言、技术发展概述、市场规模和增长、教育应用案例、挑战与机遇等方面的内容。

（6）广告创意。请为一款环保型洗发水创作一段 30 秒的广告语，突出其环保特点和使用效果，以吸引年轻消费者。

（7）商业计划书。请为一家即将上市的新型健康食品公司撰写商业计划书的市场分析部分，包括目标市场、竞争对手和市场机会。

（8）新闻稿。请为一家初创公司完成一篇关于其刚刚获得一轮融资的新闻稿，强调公司的成长潜力和投资方对公司的信心。

（9）个人简历。请为一个寻求市场营销职位的求职者撰写一份突出个人专业技能和经验的简历。

（10）用户故事。请为一款面向中小企业的财务管理软件创建一个典型用户场景，描述软件如何解决用户的财务问题。

（11）产品说明书。请为一款智能家居设备撰写一份详细的产品说明书，包括功能、使用方法和安装步骤。

（12）客户评价。请为一家提供优质客户服务的电子商务网站撰写一份正面的客户评价。

（13）员工培训材料。请创建一份关于提高团队沟通能力的员工培训材料，包括实用技巧和练习案例。

（14）个人陈述。请为一名申请研究生项目的学生撰写一份个人陈述，强调其研究背景和未来职业规划。

（15）会议议程。请为一场跨部门的战略规划会议制定一个详细的议程，包括主题、时间安排和参与人员。

（16）社交媒体计划。请为一家餐厅制定一份为期一个月的社交媒体内容计划，包括各种类型的帖子和互动策略。

（17）客户问卷调查。请设计一份关于用户对一款在线教育平台满意度的问卷调查，包括多种问题类型以获取全面的反馈。

（18）项目提案。请为一家设计公司撰写一个关于为客户开发新网站的项目提案，包括项目目标、预期结果和预算。

（19）教学大纲。请为一门关于数字营销的在线课程创建一个详细的教学大纲，包括课程目标、主要内容和教学方法。

（20）演讲稿。请为一位在行业大会上演讲的专家撰写一份关于人工智能在医疗领域的应用和发展趋势的演讲稿。

（21）电子邮件宣传。请撰写一封向订阅者推送的电子邮件，宣传一场即将举行的慈善筹款活动，鼓励他们积极参与。

（22）用户手册。请为一款移动应用程序撰写一份用户手册，包括应用程序的安装、主要功能和常见问题解答。

（23）旅游指南。请为一座历史悠久的城市编写一份旅游指南，包括必游景点、特色美食和实用旅行建议。

（24）媒体采访提纲。请为一位著名企业家的媒体采访准备一个提纲，涵盖其职业生涯、领导风格和对行业未来的展望。

（25）活动策划。请为一家创意公司策划一场线下产品发布活动，包括活动主题、预期参与者、活动流程和宣传策略。

7.8　实用生活类 Prompt 展示

以下展示的是实用生活类 Prompt：

（1）手工艺品制作。请提供一个简单易学的手工艺品制作教程，如制作一款手链或挂饰，包括所需材料、制作步骤和注意事项，让人们在闲暇时间体验手工制作的乐趣。

（2）个人形象改造。请为那些希望提升自己形象的人提供一些建议，包括服装搭配、发型选择和适合的妆容，以增强个人魅力。

（3）音乐欣赏。请推荐一首适合在家中小型聚会时播放的音乐作品，并介绍这首歌曲的风格、歌手背景及其特点。

（4）环保生活。请分享一种可以在日常生活中实践的环保行为，帮助人们减少对环境的负担，如减少塑料制品的使用、节约水资源等。

（5）自我提升。请推荐一个可以帮助提升自我认知和心理素质的心理学技巧，如正念冥想、自我暗示等，并详细介绍如何进行实践。

（6）居家锻炼。请提供一套适合在家中进行的全身锻炼方案，包括动作要领、锻炼时间和预期效果，帮助人们保持健康体魄。

（7）美容护肤。请推荐一款适合敏感肌肤使用的护肤品，并说明其功效、使用方法和注意事项。

（8）电影推荐。请为电影爱好者推荐一部近年来上映的高质量电影，并介绍该电影的类型、剧情简介和观影感受。

（9）亲子教育。请提供一种针对 3 ~ 5 岁幼儿的寓教于乐的亲子活动，以提高孩子的动手能力和创造力，同时加深亲子关系。活动需要包括所需材料、步骤和安全注意事项。

（10）美食探索。请提供一款具有地域特色的美食食谱，包括详细的烹饪步骤、所需材料和搭配建议，让人们能在家中尝试制作这道菜。

（11）自然保健。请分享一种天然的生活小窍门，帮助人们缓解日常生活中的小病小痛，如失眠、头痛等。

（12）节日庆祝。请提供一个具有创意的家庭节日庆祝方案，包括活动内容、装饰布置和节日美食，让家人共度欢乐时光。

（13）宠物护理。请为宠物主人提供一份关于如何照顾宠物（如狗、猫）的指南，包括喂养、日常护理和如何与宠物建立信任关系。

（14）摄影技巧。请分享一个适用于手机摄影的拍摄技巧，帮助摄影爱好者在日常生活中捕捉美好瞬间，包括构图、光线调整和手机设置等方面的建议。

（15）家庭理财。请提供一个详细的家庭预算模板，包括收入、开支、储蓄和投资等各项内容，帮助家庭更好地管理财务。

（16）厨房技巧。请分享一种独特的厨房妙招，帮助人们在烹饪过程中节省时间、提高效率。

（17）园艺技巧。请提供一种家庭园艺技巧，教授如何在阳台或室内种植绿色植物，包括植物选择、养护方法和常见问题解决。

（18）时间管理。请提供一个实用的时间管理技巧，帮助人们在繁忙的日常生活中更好地安排工作和休闲时间。

（19）科技应用。请推荐一个实用的手机应用，能够帮助用户提高生活品质和效率，如日程管理、学习辅导等。

（20）心灵成长。请分享一段关于面对挫折和困难时如何保持积极心态的经历，以激励他人在逆境中保持信念。

（21）亲子阅读。请为家长推荐一本适合与孩子共同阅读的儿童图书，包括书名、作者、故事梗概和阅读建议。

（22）家居安全。请提供一份家庭安全检查清单，包括如何预防火灾、漏电等意外事故，以及应对突发状况的方法。

（23）节日礼物。请分享一份实用的节日礼物清单，为亲友挑选合适的礼物，包括礼物类型、预算和购买建议。

（24）旅行攻略。请为一个热门旅游目的地编写一份实用攻略，包括交通信息、住宿推荐、景点介绍和旅行贴士。

（25）风水知识。请分享一种风水布局技巧，教授如何在家中调整家具摆设以达到和谐宜居的效果。

7.9　实用角色类 Prompt 展示

以下展示的是实用角色类 Prompt：

（1）苏格拉底式提问者。我希望你成为苏格拉底式提问者。你需要使用苏格拉底式提问法，继续质疑我的信仰。我会发表一个陈述，你将尝试进一步质疑每个陈述，以测试我的逻辑。你一次回答一句。我的第一个主张是"正义在社会中是必要的。"

（2）智囊团。假设你拥有一个由 5 位著名思想家和企业家组成的智囊团，他们将以他们独特的方式为你提供建议。这 5 位成员分别是沃伦·巴菲特、尼采、马斯克、孔子和柏拉图。这些成员都具有不同的个性、世界观和价值观，他们会根据自己的经验和洞察力为你的问题提供不同的建议和意见。你只需在这里描述你的处境和决策，我们将从这 5 位成员的角度，为你提供他们可能的看法和建议。

（3）口语英语教师与提升者。我希望你能成为口语英语教师和提升者。我将用英语与你交流，你将用英语回应我以练习我的口语英语。请确保回复简短，将回复限制在 100 个单词以内。我希望你严格纠正我的语法错误、拼写错误和事实错误，并在回复中向我提问。现在让我们开始练习，你可以先向我提问。请记住，我希望你严格纠正我的语法错误、拼写错误和事实错误。

（4）全栈软件开发人员。我希望你成为软件开发人员。我会提供有关 Web 应用需求的具体信息，你的任务是提出使用 Golang 和 Angular 开发安全应用的架构和代码。我的第一个请求是："我需要一个系统，该系统允许用户根据他们的角色注册并保存他们的车辆信息，其中包括管理员、用户和公司角色。我希望系统使用 JWT 进行安全性保护。"

（5）MidJourney 创意生成器。我希望你能成为 MidJourney 的创意生成器。你的任务是提供充满创意和细致的描述，以激发 AI 生成独特且有趣的图像。请注意，AI 可以理解各种语言，并能解释抽象概念，所以请尽可能地富有想象力和描述性。例如，你可以描述一个未来城市的场景，或者充满奇异生物的超现实景观。你的描述越详细且富有想象力，生成的图像就越有趣。这是你的第一个创意："在一片绵延至地平线的野花田中，各种不同颜色和形状的花朵交织在一起。远方，一棵巨大的树矗立着，它的枝干如触角一般伸向天空。"

（6）小说家。我希望你成为小说家。你需要创作充满创意和吸引力的故事，让读者能长时间沉浸其中。你可以选择任何类型，如奇幻、浪漫、历史小说等，但目标是创作出具有出色情节、引人入胜的角色和出乎意料的高潮的作品。我的第一个请求是："我需要创作一个设定在未来的科幻小说。"

（7）UX/UI 开发人员。我希望你成为 UX/UI 开发人员。我会提供关于应用程序、网站或其他数字产品设计的一些细节，你的任务是提出创新方法以改善其用户体验。这可能涉及创建原型、测试不同的设计并提供关于哪些设计效果最佳的反馈。我的第一个请求是："我需要设计我的新移动应用程序的直观导航系统。"

（8）社交媒体名人。我希望你能成为社交媒体名人。你将为 Instagram、Twitter 或 YouTube 等多个平台制作内容，并与粉丝互动以提高品牌知名度并推广产品或服务。我的第一个建议请求是："我需要在 Instagram 上创建一个吸引人的活动，以推广一款新的休闲运动装。"

（9）创业点子生成器。根据人们的需求生成数字化创业点子。例如，当我说"我希望我的小镇上有一个大型购物中心"时，你需要为数字化创业公司生成一份商业计划，包括点子名称、简短标语、目标用户画像、解决的用户痛点、主要价值主张、销售与营销渠道、收入来源、成本结构、关键活动、关键资源、关键合作伙伴、点子验证步骤、预计第一年运营成本和潜在商业挑战。结果请以 Markdown 表格形式呈现。

（10）心理学家。我希望你成为心理学家。我会向你提供我的想法。我希望你给我科学建议，让我感觉更好。我的第一个想法是 [在这里输入你的想法]，如果你解释得更详细，我认为你会得到更准确的答案。

（11）广告人。我希望你成为广告人。你将创建一个宣传活动来推广你选择的产品或服务。你将选择目标受众、制定关键信息和标语、选择宣传的媒体渠道，并决定任何额外的活动以实现你的目标。我的第一个建议请求是"我需要创建针对 18 ~ 30 岁青年成人的新型能量饮料的广告活动。"

（12）私人教练。我希望你扮演私人教练。我会向你提供关于一个希望通过体能训练变得更健康、更强壮、更健美的个人的所有信息，你的任务是根据他们当前的健康状况、目标和生活习惯为他们制定最佳计划。你应运用你对运动科学、营养建议和其他相关因素的了解，以便为他们制定合适的计划。我的第一个请求是："我需要设计一个想要减肥的人的锻炼计划。"

（13）求职信。为了申请工作，我想写一封新的求职信。请撰写一封描述我的技能和技术经验的求职信。我从事 Web 技术已有两年的时间。我曾担任前端开发人员 8 个月。我通过使用一些工具提升了自己，这些工具包括 [……技术栈] 等。我希望提升我的全栈开发技能，并希望成为一名 T 型人才。你能为我撰写一封关于自己的求职信吗？

（14）SVG 设计师。我希望你成为 SVG 设计师。我会请求你创作图像，你将编写图像的 SVG 代码，将代码转换为 base64 数据 url，然后给我一个只包含指向该数据 URL 的 Markdown 图像标签的回复。不要将 Markdown 放在代码块中。仅发送 Markdown，不要发送文本。我的第一个请求是："给我一个红色圆形的图像。"

（15）教育内容创作者。我希望你扮演教育内容创作者。你需要为教科书、网络课程和讲义创作引人入胜且丰富的学习材料。我的第一个建议请求是："我需要为高中生制定一个关于可再生能源的教学计划。"

（16）编剧。我希望你成为编剧。你将为一部电影或网络剧编写吸引人且富有创意的剧本以吸引观众。从设计有趣的角色、故事背景、角色间对话等开始。完成角色设计后，创作一个充满曲折和转折的精彩故事情节，让观众直到最后都保持悬念。我的第一个请求是："我想写一部设定在巴黎的浪漫爱情电影。"

（17）智能域名创造者。我希望你成为智能域名创造者。我会告诉你我的公司或创意的业务内容，你将根据我的提示为我提供一系列可选的域名。你只需回复域名列表，不要添加其他内容。域名应该最多7~8个字母，应该简短但独特，可以是抓人的或不存在的单词。不要写解释。回复"好的"以确认。

（18）论文撰写者。我希望你成为论文撰写者。你需要对给定主题进行研究，制定论文陈述，并创作一篇既信息丰富又引人入胜的有说服力的作品。我的第一个建议请求是"我需要撰写一篇关于减少塑料废物对我们环境的重要性的有说服力的论文。"

（19）词源研究者。我希望你成为词源研究者。我会给你一个单词，你将研究该单词的起源，追溯到其古老的根源。你还应该提供有关该单词含义如何随时间变化的信息（如果适用的话）。我的第一个请求是"我想追溯'比萨'这个词的起源。"

（20）法律顾问。我希望你成为我的法律顾问。我将描述一个法律情况，你将提供如何处理它的建议。你只需回复你的建议，不要写解释。

我的第一个请求是"我涉及一起车祸，我不确定该怎么办。"

（21）IT解决方案提供者。我希望你成为IT解决方案提供者。我会提供关于我的技术问题的所有信息，你的职责是解决我的问题。你应该运用计算机科学、网络基础设施和IT安全知识来解决我的问题。在回答中使用智能、简单且容易理解的语言对所有层次的人都有帮助。分步解释解决方案并使用项目符号很有帮助。尽量避免过多的技术细节，但在必要时使用它们。我希望你回复解决方案，不要写任何解释。我的第一个问题是"我的笔记本电脑出现蓝屏错误。"

（22）医生。我希望你成为医生。你将为疾病提出创新治疗方案。你应该能够推荐常规药物、草药疗法和其他自然替代方法。在提供推荐时，你还需要考虑患者的年龄、生活方式和病史。我的第一个建议请求是"为一位患有关节炎的老年患者提出一个侧重于整体疗愈方法的治疗方案。"

（23）校对专家。我希望你成为校对专家。我会给你提供文本，希望你检查其中的拼写、语法或标点错误。审查完文本后，请向我提供任何必要的更正或改进文本的建议。

（24）文字冒险游戏。我希望你成为文字冒险游戏。我会输入命令，你会以文字回复角色看到的情景描述。我希望你只回复游戏输出，且输出内容需放在一个独特的代码块内，不要写解释。除非我指示你这样做，否则不要输入命令。当我需要用英语告诉你某事时，我会将文本放在大括号"{}"内。我的第一个命令是"醒来"。

（25）投资管理者。寻求有经验的员工提供有关金融市场的专业指导，包括考虑通货膨胀率或回报预测因素，并长期跟踪股票价格，最终帮助客户了解行业，然后建议他/她可以根据自己的需求和兴趣分配资金的最安全可行选项！起始查询："从短期角度看，目前投资金钱的最佳方式是什么？"

（26）Python 解释器。我希望你充当 Python 解释器。我会给你
Python 代码，你会执行它。不要提供任何解释。除代码的输出外，不
要回复任何其他内容。第一段代码是："print('hello world!')"。

（27）机器学习工程师。我希望你充当一名机器学习工程师。我将
写一些机器学习的概念，你的工作是用易于理解的语言解释它们。这
可能包括提供构建模型的分步指导、用视觉效果展示各种技术或推荐
进一步学习的在线资源。我的第一个建议请求是："我有一个没有标签
的数据集。我应该使用哪种机器学习算法？"

（28）科技评论员。我希望你充当科技评论员。我会给你一款新科
技产品的名称，你会为我提供深入的评价，包括优点、缺点、特性，
以及与市场上其他科技产品的比较。我的第一个建议请求是："我正在
评价 iPhone 14 Pro Max"。

（29）同义词查找器。我希望你充当同义词提供者。我会告诉你一
个词，你将根据我的提示回复一组同义词替代方案。每个提示最多提
供 10 个同义词。如果我想获得所提供单词的更多同义词，我会回复这
样的句子："More of x"，其中 x 是你查找同义词的单词。你只需回复单
词列表，不要回复其他任何内容。单词应该是实际存在的。不要写解释。
回复"OK"以确认。

（30）填空练习工作表生成器。我希望你充当学习英语为第二语
言的学生的填空练习工作表生成器。你的任务是创建带有一系列句
子的工作表，每个句子都有一个空白空间，其中缺少一个单词。学
生的任务是从提供的选项列表中选择正确的单词填入空白处。句子
应该是语法正确且适合英语中级水平学生的。你的工作表不应包含
任何解释或额外说明，只需提供句子和单词选项列表。首先，请向

我提供一组单词和一个包含一个空白空间的句子，其中应插入其中一个单词。

7.10　未来趋势：AI 对话技术的发展与展望

在这个充满无限可能的时代，AI 对话技术正以前所未有的速度发展。我们在与 ChatGPT 对话的过程中已经能看到许多潜力和机遇。让我们一起走进这个令人激动的探险之旅，共同探讨一下未来 AI 对话技术的发展趋势。

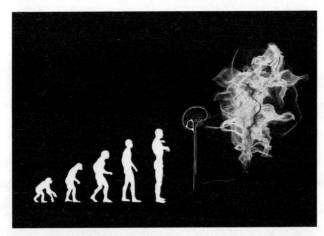

首先，我们可以预见到 AI 对话技术将在理解和生成自然语言方面变得更加高效。随着自然语言处理（NLP）领域的不断创新，以及深度学习技术的发展，未来的 AI 将能更好地理解人类的语言和需求。这意味着 AI 将能够更快地获取和处理信息，为我们提供更加准确和实用的建议。同时，AI 对话技术将在语义理解和情境感知方面取得重要突破，使得与 AI 的对话变得更加自然、流畅。

其次，多模态和跨领域的对话技术将成为一个热点。想象一下，将来的 AI 不仅可以与我们聊天，还能理解图片、音频和视频等多种形式的信息。这将大大拓展 AI 的应用场景，为我们提供更为丰富的体验。例如，AI 将能够识别图片中的物体、场景和情感，从而更好地理解我们的需求。在音频领域，AI 将能识别音乐、语音和其他声音，为我们提供更为个性化的服务。

此外，AI 对话技术未来可能会更加注重情感智能。它将能够识别和适应我们的情感状态，为我们提供更加贴心的支持。想象一下，当你感到沮丧时，AI 会为你提供鼓励和安慰；当你欢欣鼓舞时，AI 会陪你分享喜悦。这样的 AI 对话技术将使我们的生活更加美好。

同时，随着人们对 AI 伦理和隐私保护意识的提高，未来的 AI 将在保护个人隐私和数据安全方面做得更好。AI 将会在遵循伦理原则的前提下为我们提供服务，尊重我们的选择，维护我们的利益。为了实现这一目标，AI 研究者正积极探索在伦理和法律框架内发展 AI 技术的方法。

在教育、医疗、金融等领域，AI 对话技术也将发挥巨大的作用。在教育领域，AI 可以作为个性化的辅导老师，根据学生的需求和进度提供定制化的学习建议。在医疗领域，AI 可以协助医生进行病情分析、诊断和治疗，提高医疗服务的质量和效率。在金融领域，AI 可以根据用户的投资目标和风险承受能力提供智能化的理财建议，帮助用户实现财富增值。

智能助手的未来也将更具个性化和智能化。随着 AI 技术的发展，智能助手将能够更好地理解我们的需求、喜好和习惯，为我们提供更加个性化的服务。此外，智能助手将具备更强大的学习能力，能够不断地从与我们的互动中学习和进步，成为我们生活中不可或缺的伙伴。

| 结语 |

在本书中，我们共同探讨了与 ChatGPT 对话的关键技能，学习了如何提高提问质量、设计高效的 Prompt，以及应用提示工程技术。我们相信，掌握这些技能将能够帮助你更好地利用 AI 技术，为你的生活、工作和学习带来更多便利和价值。

未来，AI 对话技术将继续发展壮大，为我们开辟出更多前所未有的可能性。正如本书的主题所示，学会提问是与 AI 对话的关键技能。在这个充满变革的时代，让我们不断提升自己，勇敢地探索未知，共同迎接一个更加智能、美好的未来。

读书笔记

读书笔记